D0596530

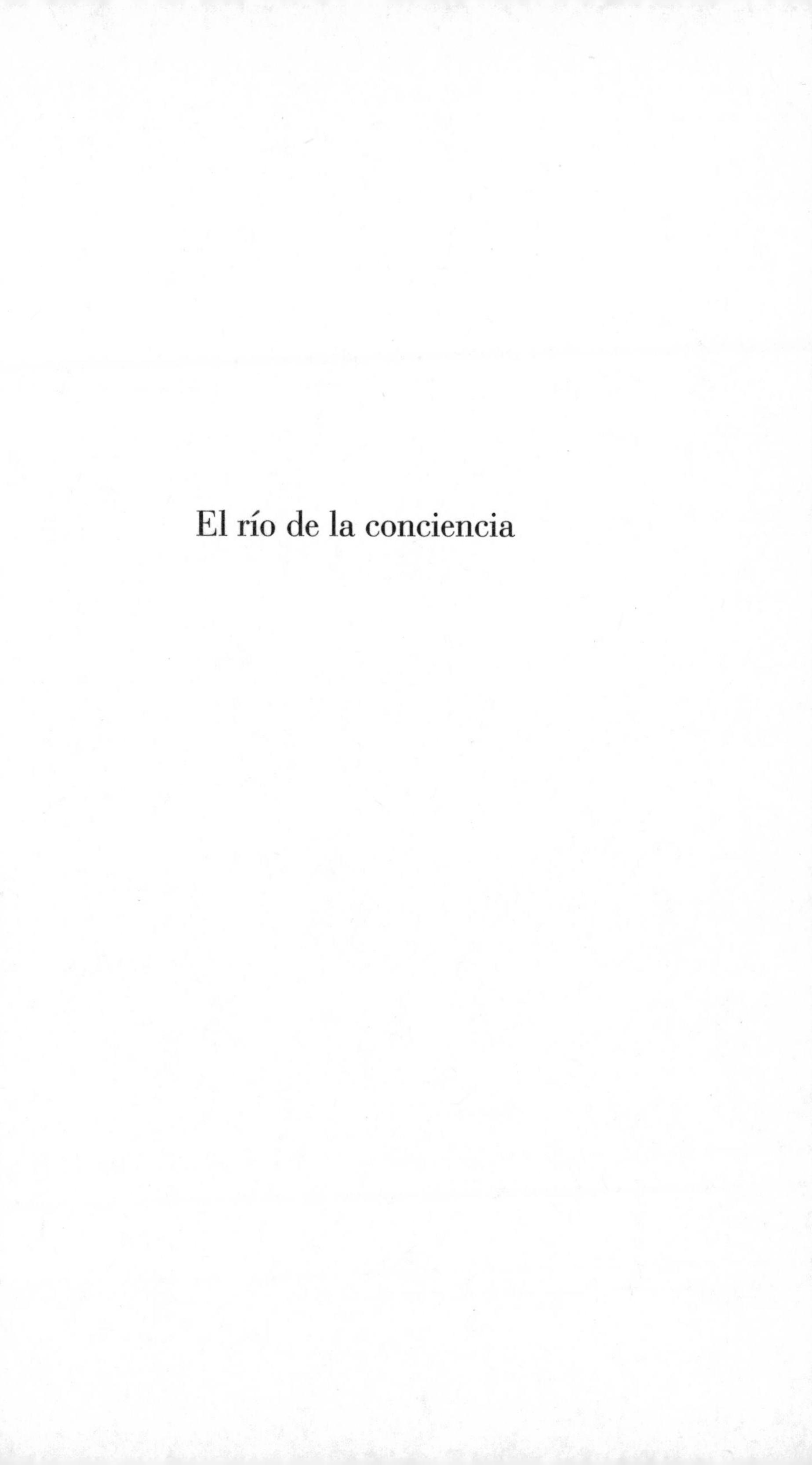

El río de la conciencia

Oliver Sacks

El río de la concienca

Traducción de Damià Alou

EDITORIAL ANAGRAMA
BARCELONA

Título de la edición original:
The River of Consciousness
Alfred A. Knopf
Nueva York, 2017

Ilustración: © lookatcia

Primera edición: enero 2019

Diseño de la colección: Julio Vivas y Estudio A

Pedró de la Creu, 58
08034 Barcelona

ISBN: 978-84-339-6429-8
Depósito Legal: B. 27841-2018

Printed in Spain

Liberdúplex, S. L. U., ctra. BV 2249, km 7,4 - Polígono Torrentfondo
08791 Sant Llorenç d'Hortons

A Bob Silvers

PREFACIO

Dos semanas antes de su muerte, ocurrida en agosto de 2015, Oliver Sacks perfiló el contenido de *El río de la conciencia,* el último libro que supervisaría, y nos encargó a los tres que nos ocupáramos de su publicación.

Uno de los muchos catalizadores de este libro fue una invitación que Sacks recibió en 1991 de un cineasta holandés para participar en una serie documental para televisión titulada *A Glorious Accident.* En el episodio final, seis científicos –el físico Freeman Dyson, el biólogo Rupert Sheldrake, el paleontólogo Stephen Jay Gould, el historiador de la ciencia Stephen Toulmin, el filósofo Daniel Dennett y el doctor Sacks– se reunían en torno a una mesa para discutir algunas de las cuestiones más importantes que investigan los científicos: el origen de la vida, el significado de la evolución y la naturaleza de la conciencia. En una animada discusión quedó clara una cosa: Sacks era capaz de moverse con fluidez entre *todas* las disciplinas. Sus conocimientos científicos no se limitaban a la neurociencia o a la medicina; los temas, las ideas y las cuestiones de todas las ciencias le entusiasmaban. Esa competencia y pasión que abarcan muchos campos permean la perspectiva de este libro, en el que estudia la naturaleza no solo de la experiencia humana, sino de toda la vida (la vida botánica incluida).

En *El río de la conciencia* aborda la evolución, la botánica, la química, la medicina, la neurociencia y las artes, y evoca a sus grandes héroes científicos y creativos: sobre todo a Darwin, Freud y William James. Para Sacks, estos escritores fueron compañeros constantes desde una temprana edad, y gran parte de su obra se puede considerar una prolongada conversación con ellos. Al igual que Darwin, Sacks fue un buen observador y le encantaba reunir ejemplos, muchos de los cuales procedían de su ingente correspondencia con pacientes y colegas. Al igual que Freud, deseaba comprender el comportamiento humano ahí donde resultaba más enigmático. Y al igual que James, incluso cuando el tema de Sacks es teórico, como sus investigaciones sobre el tiempo, la memoria y la creatividad, su atención no se desvía de la especificidad de la experiencia.

El doctor Sacks deseó dedicar este libro a su editor, mentor y amigo durante más de treinta años Robert Silvers, el primero que publicó algunos de los textos aquí reunidos en *The New York Review of Books*.

KATE EDGAR, DANIEL FRANK y BILL HAYES

DARWIN Y EL SIGNIFICADO DE LAS FLORES

Todos conocemos la historia canónica de Charles Darwin: el joven de veintidós años que se embarca en el *Beagle* rumbo a los confines de la tierra; Darwin en la Patagonia; Darwin en la Pampa Argentina (donde demuestra su habilidad con el lazo echándoselo a las patas de su propio caballo); Darwin en Sudamérica, recogiendo huesos de gigantescos animales extinguidos; Darwin en Australia –cuando todavía es creyente–, atónito al ver por primera vez un canguro («seguramente el mundo es obra de dos Creadores distintos»). Y, naturalmente, Darwin en las Galápagos, observando que los pinzones eran distintos en cada isla, comenzando a comprender de una manera completamente nueva cómo evolucionan los seres vivos, algo que, un cuarto de siglo después, daría como resultado la publicación de *El origen de las especies*.

La historia alcanza aquí su clímax con la publicación de *El origen* en noviembre de 1859, y cuenta con una especie de epílogo elegiaco: la visión de un Darwin mayor y achacoso, en los veintipico años que le quedan, entreteniéndose en sus jardines de Down House sin ningún plan ni propósito concreto, quizá publicando un libro o dos, aunque su obra importante la ha completado hace ya tiempo.

Nada más lejos de la verdad. Darwin siguió siendo muy sensible tanto a las críticas como a las pruebas que sustentaba su teoría de la selección natural, lo que le condujo a sacar a la luz no menos de cinco ediciones de *El origen*. Es posible que se hubiera retirado (o regresado) a su jardín y a sus invernaderos después de 1859 (un extenso terreno rodeaba Down House, que contaba con cinco invernaderos), pero para él se trataba de máquinas de guerra desde las cuales lanzaba grandes misiles en forma de pruebas a los escépticos que vivían en el exterior –descripciones de estructuras y comportamientos insólitos de plantas muy difíciles de atribuir a una creación o diseño especial–, pruebas en abundancia que apoyaban la evolución y la selección natural de una manera todavía más abrumadora que las presentadas en *El origen*.

Resulta extraño que incluso los estudiosos de Darwin presten relativamente poca atención a su obra botánica, aun cuando abarca seis libros y setenta y pico artículos. Así, Duane Isely, en su libro de 1994 *One Hundred and One Botanists*, escribe que a pesar de que

> se ha escrito más sobre Darwin que sobre cualquier otro biólogo de la historia [...] casi nunca se le ha presentado como botánico. [...] El hecho de que escribiera varios libros acerca de su investigación sobre las plantas se menciona en gran parte de los estudios sobre el autor, pero siempre de pasada, más o menos como si dijeran: «Bueno, el gran hombre de vez en cuando tiene que distraerse.»

Darwin siempre había sentido un cariño especial por las plantas, y también una especial admiración. («Siempre me ha gustado elevar las plantas a la categoría de seres organizados», escribió en su autobiografía.) Creció en una familia de botánicos: su abuelo, Erasmus Darwin, había escrito un extenso poema en dos volúmenes titulado *The Botanic Garden,* y el propio Charles creció en una casa cuyos vastos jardines estaban llenos no solo de flores, sino de una variedad de manzanos cruzados para aumentar su vigor. Cuando era estudiante universitario en Cambridge, las únicas clases a las que Darwin asistía de manera regular eran las del botánico J. S. Henslow, y fue este, al reconocer las extraordinarias cualidades de su alumno, quien le recomendó para que le dieran un puesto en el *Beagle.*

Fue a Henslow a quien Darwin escribió cartas muy detalladas llenas de observaciones acerca de la fauna, la flora y la geología de los lugares que visitaba. (Estas cartas se publicaron y circularon, y contribuyeron a que Darwin se hiciera famoso en los círculos científicos antes incluso de que el *Beagle* regresara a Inglaterra.) Y fue para Henslow para quien Darwin, mientras estaba en las Galápagos, reunió una esmerada colección de todas las plantas en flor y observó que las distintas islas del archipiélago a menudo poseían diferentes especies del mismo género. Para él resultaría una prueba fundamental a la hora de reflexionar acerca del papel de divergencia geográfica en el origen de las nuevas especies.

De hecho, tal como David Kohn señalaba en un espléndido ensayo de 2008, los especímenes botánicos que Darwin reunió en las Galápagos, en un número superior a doscientos, constituyen «la colección individual de organismos vivos de historia natural más influyente en toda la historia de la ciencia [...]. También resultaría ser el ejemplo mejor documentado de Darwin de la evolución de las especies de las islas».

(Los pájaros que Darwin reunió, por el contrario, no siempre fueron correctamente identificados ni etiquetados con su isla de origen, y no fue hasta su regreso a Inglaterra cuando estos, complementados con los especímenes recogidos por sus camaradas de a bordo, fueron clasificados por el ornitólogo John Gould.)

Darwin trabó una estrecha amistad con dos botánicos: Joseph Dalton Hooker, de Kew Gardens, y Asa Gray, de Harvard. Hooker se convirtió en su confidente en la década de 1840 –el único hombre al que le enseñó el primer borrador de su obra sobre la evolución–, y Asa Grey pasaría a formar parte de su círculo íntimo en la década de 1850. Darwin escribiría a ambos con creciente entusiasmo refiriéndose a *«nuestra* teoría».

Sin embargo, aunque Darwin se contentaba con calificarse de geólogo (escribió tres libros de geología basados en sus observaciones durante el viaje del *Beagle,* y concibió una teoría sorprendentemente original sobre el origen de los atolones de coral que no fue confirmada experimentalmente hasta la segunda mitad del siglo XX), siempre insistió en que no era botánico. Una de las razones fue que la botánica (a pesar de un comienzo precoz a principios del siglo XVIII con *Vegetable Staticks,* de Stephen Hales, un libro lleno de fascinantes experimentos sobre la fisiología de las plantas) siguió siendo una disciplina casi completamente descriptiva y taxonómica: las plantas se identificaban, se clasificaban y se nombraban, pero no se *investigaban.* Darwin, por el contrario, era sobre todo un investigador, preocupado por el «cómo» y el «por qué» de la estructura y comportamiento de la planta, y no solo por el «qué».

Para Darwin, la botánica no era una simple distracción o un hobby, al igual que para muchos victorianos; en su caso, el estudio de las plantas siempre tuvo un propósito teórico relacionado con la evolución y la selección natural. Tal como escribió su hijo Francis, estaba «como poseído de una capacidad de teorización dispuesta a fluir por cualquier cauce a la menor agitación, de manera que ningún hecho, por insignificante que fuera, podía evitar liberar un flujo de teoría». Y el flujo discurría en los dos sentidos; el propio Darwin decía a menudo que «nadie que no fuera un teorizador activo podía ser un buen observador».

En el siglo XVIII, el científico sueco Carlos Linneo había demostrado que las flores poseían órganos sexuales (pistilos y estambres), y de hecho había basado su clasificación en ellos. Pero la creencia casi universal era que las flores se fertilizaban a sí mismas: ¿por qué, si no, poseían todas órganos masculinos y femeninos? El propio Linneo se reía un poco de la idea, y representó una flor con nueve estambres y un pistilo como si fuera un lecho nupcial en el que una doncella está rodeada de nueve amantes. Una idea semejante aparecía en el segundo volumen del libro del abuelo de Darwin *The Botanic Garden,* titulado *The Loves of Plants.* Ese era el ambiente en que creció el joven Darwin.

Pero un año o dos después de su regreso del *Beagle* Darwin se sintió obligado, por razones teóricas, a poner en entredicho la idea de la autofertilización. En un cuaderno de 1837 escribió: «¿Acaso las plantas que poseen órganos femeninos y masculinos juntos no reciben también influencia de otras plantas?» Razonó que si las plantas tenían que evolucionar, la fertilización cruzada era clave, pues de otro modo nunca habría modificaciones, y en el mundo no existiría más que una sola planta que se reproduciría a sí misma en lugar de la extraordinaria variedad de especies que existían. A principios de la década de 1840, Darwin comenzó a poner a prueba su teoría, diseccionando una variedad de flores (azaleas y rododendros entre ellas) y demostrando que muchas poseían mecanismos estructurales para impedir o minimizar la autopolinización.

Pero no fue hasta después de la publicación de *El origen de las especies,* en 1859, cuando Darwin dedicó toda su atención a las plantas. Y si antes se había dedicado sobre todo a observar y coleccionar, ahora, para obtener nuevos conocimientos, se dedicó sobre todo a la experimentación.

Al igual que otros, había observado que las flores de prímula aparecían en dos formas diferentes: una forma en «ojo de aguja» con un largo estilo –la parte femenina de la flor– y una forma «en borlas» con un estilo corto. Se creía que estas diferencias no tenían ninguna importancia. Pero Darwin sospechaba lo contrario, y al examinar ramos de prímulas que sus hijos le traían, descubrió que la proporción de formas en ojo de aguja y formas en borla era exactamente de uno a uno.

La imaginación de Darwin se activó al instante: una proporción de uno a uno era lo que cabría esperar de una especie en la que los órganos masculinos y femeninos estuvieran separados. ¿Podía ser que las flores de estilo largo, aunque hermafroditas, estuvieran en proceso de convertirse en flores femeninas, y las de estilo corto en flores masculinas? ¿Estaba viendo en realidad formas intermedias, la evolución en acción? Era una idea seductora, pero no se sostenía, pues las flores de estilo corto, las supuestas masculinas, producían tantas semillas como las de estilo largo, las «femeninas». Fue un ejemplo de (tal como lo habría expresado su amigo T. H. Huxley) «una hermosa hipótesis destruida por una fea realidad».

¿Cuál era, entonces, el significado de esos estilos diferentes y de su proporción uno a uno? Darwin dejó de teorizar y pasó a experimentar. De manera muy concienzuda, intentó actuar él mismo como polinizador, tumbándose boca abajo en el césped y transfiriendo polen flor a flor: de estilo largo a estilo largo, de estilo corto a estilo corto, de estilo largo a estilo corto y viceversa. Cuando salieron las semillas, las recogió y las pesó, y descubrió que la cosecha más abundante de semillas procedía de las flores cruzadas. Concluyó que la heterostilia, en la que las plantas poseen estilos de diferente longitud, era un mecanismo especial que había evolucionado para facilitar la reproducción externa, y que el cruzamiento aumentaba el número y vitalidad de las semillas (lo que él llamó su «vigor híbrido»). Darwin escribió posteriormente: «Creo que no ha habido nada en mi vida científica que me haya proporcionado tanta satisfacción como averiguar el significado de la estructura de estas plantas.»

Aunque este tema siguió siendo de especial interés para Darwin (en 1877 publicó un libro sobre el tema, *Las formas de las flores),* su preocupación central era cómo las plantas que dan flores se adaptan para utilizar insectos como agentes para su propia fertilización. Se sabía que los insectos se sentían atraídos por ciertas flores, que las visitaban y emergían de ellas cubiertos de polen. Pero a nadie se le había ocurrido que eso fuera de gran importancia, pues se suponía que las flores se autopolinizaban.

Era algo que Darwin ya había sospechado en 1840, y en la década de 1850 puso a cinco de sus hijos a trabajar en el trazado de las rutas de vuelo de abejorros machos. Admiraba sobre todo las orquídeas nativas que crecían en los prados que rodeaban la casa, de manera que comenzó con estas. Posteriormente, con la ayuda de amigos y corresponsales que le mandaron orquídeas para que las estudiara, y sobre todo Hooker, que entonces era director de Kew Gardens, amplió sus estudios a las orquídeas tropicales de todo tipo.

El trabajo sobre las orquídeas avanzó deprisa y sin obstáculos, y en 1862 Darwin pudo enviar su manuscrito a la imprenta. El libro tenía uno de esos títulos victorianos largos y explícitos: *Sobre las variadas estrategias por las cuales las orquídeas británicas y foráneas son fertilizadas por insectos.* Sus intenciones, o esperanzas, quedaban claras en sus páginas iniciales:

> En mi libro *El origen de las especies* presenté tan solo razones generales para la creencia de que es una ley casi universal de la naturaleza que los seres orgánicos superiores precisan un cruzamiento esporádico con otro individuo. [...] Deseo mostrar aquí que no he hablado sin haber entrado en detalles [...]. Este tratado me brinda la oportunidad de intentar demostrar que el estudio de los seres orgánicos puede ser tan interesante para un observador que está plenamente convencido de que la estructura de cada uno se debe a leyes secundarias como para aquel que considera que cada mínimo detalle de la estructura es el resultado de la directa interposición del Creador.

Aquí, sin la menor ambigüedad, Darwin arroja el guante, como diciendo: «Explícalo *mejor*... si eres capaz.»

Darwin estudió las orquídeas, estudió las flores, como nadie lo había hecho antes, y en su libro sobre las orquídeas proporcionó abundantes detalles, muchos más de los que se encuentran en *El origen*. Y no lo hizo por pedantería ni por obsesión, sino porque consideraba que cada detalle era potencialmente importante. A veces se dice que Dios está en los detalles, pero para Darwin no era Dios, sino la selección natural, actuando a lo largo de millones de años, lo que emanaba de los detalles, detalles ininteligibles, sin sentido, si no era a la luz de la historia de la evolución. Sus investigaciones botánicas, escribió su hijo Francis,

> aportaban argumentos contra aquellos críticos que tan alegremente habían dogmatizado sobre la inutilidad de

algunas estructuras concretas, y de la consiguiente imposibilidad de que se hubieran desarrollado por medio de la selección natural. Sus observaciones sobre las orquídeas le permitieron afirmar: «Soy capaz de demostrar el significado de algunas de las protuberancias y cuernos aparentemente gratuitos; ¿quién se atreverá ahora a decir que esta o esa estructura es inútil?»

En un libro de 1793 titulado *El secreto de la naturaleza en la forma y fertilización de las flores descubiertas,* el botánico alemán Christian Konrad Sprengel, un observador muy atento, había advertido que las abejas iban cargadas de polen que transportaban de una flor a otra. Darwin siempre calificó este libro de «maravilloso». Pero Sprengel, aunque se acercó, no descubrió el secreto final, porque todavía era firme partidario de la idea de Linneo de que las flores se autofertilizaban, y consideraba a las flores de la misma especie esencialmente idénticas. Fue aquí donde Darwin llevó a cabo una ruptura radical y descifró el secreto de las flores mostrando que sus características especiales –los diversos diseños, colores, formas, néctares y aromas mediante los cuales atraían a los insectos para que revolotearan de una planta a otra, y los mecanismos que aseguraban que los insectos recogerían el polen antes de abandonar la flor– eran todas «artimañas», tal como él lo expresó; todo había evolucionado al servicio de la fertilización cruzada.

Lo que antaño había sido la bonita imagen de unos insectos zumbando alrededor de unas flores de vivos colores se convertía de pronto en un drama esencial de la vida, lleno de profundidad y significado biológicos. Los colores y olores de las flores se adaptaban a los sentidos de los insectos. Mientras que las abejas se veían atraídas por las flores azules y amarillas, hacían caso omiso de las rojas, porque eran ciegas al color rojo. Por otro lado, su capacidad de ver más allá del violeta es explotada por las flores que utilizan manchas ultravioleta: la miel guía a esas abejas a sus nectarios. Las mariposas, que ven bien el rojo, fertilizan las flores rojas, pero puede que no hagan caso de las azules y las violetas. Las flores polinizadas por las polillas nocturnas suelen carecer de color, pero exudan su aroma por la noche. Y las flores polinizadas por las moscas, que se alimentan de materia en descomposición, pueden llegar a imitar los repelentes (para nosotros) olores de la carne podrida.

No era tan solo la evolución de las plantas, sino la *coevolución* de las plantas y los insectos lo que Darwin iluminó por primera vez. Así, la selección natural se aseguraría de que las partes bucales de los insectos encajaran con la estructura de sus flores preferidas, y Darwin disfrutó enormemente haciendo algunas predicciones. Al examinar una orquídea de Madagascar que poseía un nectario de casi treinta centímetros, predijo que encontraríamos una polilla con una probóscide lo bastante larga para sondear sus profundidades; décadas después de su muerte por fin se descubrió esa polilla.

El origen supone un ataque frontal (aunque delicadamente presentado) contra el creacionismo, y aunque Darwin había tenido la prudencia de no explayarse en el libro sobre la evolución humana, las implicaciones de su teoría estaban perfectamente claras. Lo que había provocado la indignación y el ridículo había sido sobre todo la idea de que el hombre podía considerarse un simple animal –un simio– que descendía de otros animales. Pero para casi todo el mundo, las plantas eran algo distinto: ni se movían ni sentían; habitaban un reino propio, separado del reino animal por un gran abismo. La evolución de las plantas, intuyó Darwin, podía parecer menos relevante, o menos amenazadora, que la evolución de los animales, y por lo tanto más accesible a una consideración serena y racional. De hecho, le escribió a Asa Gray: «nadie se ha dado cuenta de que mi principal interés en el libro sobre las orquídeas era llevar a cabo un "movimiento de flanco" contra el enemigo». Darwin nunca fue beligerante, al contrario de Huxley, a quien algunos llamaban el «bulldog» de Darwin, pero sabía que había una batalla que librar, y no era reacio a las metáforas militares.

Sin embargo, no es ni la militancia ni la polémica lo que más brilla en su libro sobre las orquídeas; es el puro goce, la dicha que le provoca lo que está viendo. Es un placer y una euforia que afloran en sus cartas:

> No te puedes imaginar cómo he disfrutado con las orquídeas. [...] ¡Qué estructuras tan maravillosas! [...] La belleza de la adaptación de las partes me parece sin parangón. [...] Casi enloquecí con la riqueza de las orquídeas. [...] Un espléndido ejemplar de *Catasetum,* la orquídea más maravillosa que he visto [...]. ¡Dichoso aquel que ha visto un enjambre de abejas volando alrededor de una *Catasetum,* con las polinias pegadas a su espalda! [...] En toda mi vida ningún tema me ha interesado tanto como el de las orquídeas.

La fertilización de las flores interesó a Darwin hasta el final de su vida, y casi quince años después de la publicación de su libro sobre las orquídeas apareció otro más general: *The Effects of Cross and Self Fertilization in the Vegetable Kingdom.*

Pero las plantas, si han de alcanzar alguna vez el punto de la reproducción, también tienen que sobrevivir, florecer y encontrar (o crear) nichos en el mundo. Darwin estaba igualmente interesado en los mecanismos y adaptaciones mediante los cuales las plantas sobrevivían, así como en sus variados y a veces asombrosos estilos de vida, que incluían órganos sensoriales y capacidades motoras afines a las de los animales.

En 1860, durante unas vacaciones de verano, Darwin descubrió y se enamoró de unas plantas que comían insectos, e inició una serie de investigaciones que quince años después culminaron en la publicación de *Plantas carnívoras.* Este volumen posee un estilo fácil y amable, y como casi todos sus libros, se inicia con un recuerdo personal:

> Me sorprendió descubrir la cantidad de insectos que quedaban atrapados por las hojas de la rocío del sol *(Drosera rotundifolia)* en un brezal de Sussex. [...] En una de las plantas, cada una de las seis hojas había atrapado una presa. [...] Hay muchas plantas que provocan la muerte de los insectos [...] sin obtener, por lo que podemos ver, ningún beneficio; pero pronto quedó claro que la *Drosera* estaba magníficamente adaptada al propósito de atrapar insectos.

La idea de la adaptación estuvo siempre en la mente de Darwin, y le bastó con una ojeada a la rocío del sol para darse cuenta de que se trataba de adaptaciones de un tipo completamente nuevo, pues las hojas de la *Drosera* no solo cuentan con una superficie pegajosa, sino que están cubiertas de delicados filamentos (Darwin los llamó «tentáculos») con glándulas en la punta. ¿Para qué servían?, se preguntó.

«Si un objeto orgánico o inorgánico pequeño se coloca en las glándulas que hay en el centro de la hoja», observó,

> estas transmiten un impulso motor a los tentáculos marginales. [...] Los más próximos son los que primero quedan

> afectados, y lentamente se inclinan hacia el centro, seguidos de los que están más alejados, hasta que todos acaban rodeando el objeto de cerca.

Pero si el objeto no servía de alimento, rápidamente lo soltaban.

Darwin pasó a demostrarlo colocando grumos de blanco de huevo sobre algunas hojas y grumos parecidos de materia inorgánica en otros. La materia inorgánica quedó liberada enseguida, pero se retuvo el blanco de huevo, y se estimuló la formación de un fermento y un ácido que pronto lo digirió y lo asimiló. Lo mismo pasó con los insectos, sobre todo los vivos. La *Drosera,* sin boca, intestino ni nervios, capturaba eficazmente su presa y la asimilaba utilizando enzimas digestivos especiales.

Darwin no solo abordó la cuestión de cómo funcionaba la *Drosera,* sino por qué había adoptado un estilo de vida tan extraordinario: observó que la planta crece en turberas, en suelos ácidos relativamente desprovistos de materia orgánica y nitrógeno asimilable. Pocas plantas pueden sobrevivir en esas condiciones, pero la *Drosera* había encontrado una manera de reclamar ese nicho asimilando el nitrógeno directamente de los insectos en lugar de obtenerlo del suelo. Darwin, asombrado por esa coordinación de los tentáculos de la *Drosera* más propia de los animales, pues se cerraban sobre su presa como los de una anémona marina, y por la capacidad de digerir de la planta, también más propia de un animal, le escribió a Asa Gray: «Eres injusto con los méritos de mi querida *Drosera;* es una planta maravillosa, o más bien un animal de lo más sagaz. Defenderé la *Drosera* hasta el día de mi muerte.»

Y se volvió aún más entusiasta de la *Drosera* cuando descubrió que si cortaba una pequeña muesca en mitad de la hoja se paralizaba solo esa mitad, como si hubiera cortado un nervio. Escribió que el aspecto de esa hoja parecía «el de un hombre al que le han roto la columna vertebral y le han quedado paralizadas las extremidades inferiores». Posteriormente Darwin recibió especímenes de la Venus atrapamoscas –miembro de la familia de la *Drosera*–, la cual, en el instante en que algo rozaba sus pelos, que eran como un disparador, cerraba sus hojas sobre el insecto y lo aprisionaba. Las reacciones de la atrapamoscas eran tan rápidas que Darwin se preguntó si no intervendría la electricidad, algo análogo a un impulso nervioso. Lo comentó con su colega fisiólogo Burdon Sanderson, y se quedó encantado cuando Sanderson le demostró que la corriente eléctrica de hecho era generada por las hojas, y que también podía estimularlas para que se cerraran. «Cuando las hojas se irritan», relató Darwin en *Plantas insectívoras,* «la corriente se ve alterada de manera parecida a cuando se contrae el músculo de un animal».

Las plantas a menudo se consideran insensibles e inmóviles, pero las plantas que se alimentan de insectos nos proporcionan una refutación categórica de esta idea, y Darwin, ansioso por examinar otros aspectos del movimiento de las plantas, pasó a estudiar las plantas trepadoras. (Lo que culminaría con la publicación de *Plantas trepadoras.)* Trepar era una adaptación eficaz que permitía a las plantas prescindir del tejido rígido de apoyo utilizando otras plantas para que las sustentaran y las elevaran. Y no solo había una manera de trepar, sino muchas. Había plantas que se enroscaban, que trepaban por las hojas, y plantas que trepaban con el uso de zarcillos. Estas fascinaban especialmente a Darwin: para él era como si tuvieran «ojos» y pudieran inspeccionar el entorno en busca de un apoyo adecuado. «Creo, señor, que los zarcillos pueden ver», le escribió a J. D. Hooker. ¿Cómo surgían adaptaciones tan complejas?

Darwin consideraba que las plantas que se enroscaban eran anteriores a otras plantas trepadoras, y creía que las plantas que poseían zarcillos habían evolucionado a partir de estas, y que las que trepaban por las hojas, a su vez, procedían de las que poseían zarcillos, y que cada evolución abría más y más nichos posibles, papeles que puede desempeñar el organismo en su entorno. Así, las plantas trepadoras habían evolucionado con el tiempo, no se habían creado todas en un instante por decreto divino. ¿Cómo comenzaron a enroscarse? Darwin había observado movimientos de enroscamiento en los tallos, hojas y raíces de todas las plantas que había examinado, y dichos movimientos de enroscamiento (que él denominó circunmutación) podían observarse también en las primeras plantas que habían evolucionado: cícadas, helechos, algas marinas, etc. Cuando las plantas crecen hacia la luz, no solo se dirigen hacia arriba; se retuercen como un sacacorchos hacia la luz. Darwin acabó pensando que la circunmutación era una disposición universal de las plantas, y el antecedente de todos los demás movimientos de enroscamiento vegetal.

Expuso todas estas ideas, junto con docenas de hermosos experimentos, en su último libro sobre botánica, *The Power of Movement in Plants,* publicado en 1880. Entre los ingeniosos y deliciosos experimentos que relató había uno en el que plantó unas plántulas de avena y proyectó luz sobre ellas desde direcciones distintas, descubriendo que siempre se doblaban o se retorcían hacia la luz, aun cuando fuera tan tenue que el ojo humano no pudiera verla. ¿Existía (tal como imaginaba de las puntas de los zarcillos) una región fotosensible, una especie de «ojo» en las puntas de las hojas de las plántulas? Ideó unos gorritos, oscurecidos con tinta china, para cubrirlos, y descubrió que ya no respondían a la luz. Concluyó que estaba claro que cuando la luz caía en la punta de la hoja la estimulaba a emitir algún tipo de mensaje que, al llegar a las partes «motoras» de la plántula, provocaba que se retorciera hacia la luz. De manera parecida, descubrió que las raíces primarias (o radículas) de las plántulas, que tienen que sortear otro tipo de obstáculos, eran en extremo sensibles al contacto, la gravedad, la presión, la humedad, los gradientes químicos, etc. Escribió:

> En las plantas no existe estructura más maravillosa, por lo que se refiere a sus funciones, que la punta de la radícula. [...] Apenas resulta exagerado afirmar que la punta de la radícula [...] actúa como el cerebro de los animales inferiores [...] recibe impresiones de los órganos sensoriales y dirige los diversos movimientos.

Pero tal como Janet Browne comenta en su biografía de Darwin, *The Power of Movement in Plants* resultó ser «un libro inesperadamente polémico». La idea de la circunmutación de Darwin fue tremendamente criticada. Él siempre había reconocido que se trataba de un salto especulativo, pero una de las críticas más hirientes llegó del botánico alemán Julius Sachs, el cual, en palabras de Browne, «se burló de la teoría de Darwin de que la punta de la raíz pudiera compararse al cerebro de un organismo simple y declaró que las técnicas experimentales caseras de Darwin eran risibles y defectuosas».

Pero por caseras que fueran las técnicas de Darwin, sus observaciones fueron precisas y correctas. Sus ideas de que un mensajero químico transmitía señales hacia abajo desde la punta sensible de la plántula hasta su tejido «motor» llevarían, quince años más tarde, al descubrimiento de hormonas vegetales como las auxinas, que, en las plantas, ejercen muchas de las funciones que los sistemas nerviosos tienen en los animales.

Darwin llevaba enfermo cuarenta años, víctima de una enigmática dolencia que le había afectado desde su regreso de las Galápagos. A veces se pasaba el día entero vomitando o confinado en el sofá, y a medida que se hacía mayor, también padeció problemas cardiacos. Pero todo eso nunca afectó a su energía intelectual ni a su creatividad. Después de *El origen* escribió diez libros, muchos de los cuales fueron sometidos a importantes revisiones, por no hablar de docenas de artículos e innumerables cartas. Siguió dedicádose a lo que le gustaba durante toda su vida. En 1877 publicó una segunda edición, muy ampliada y revisada, de su libro sobre las orquídeas (publicado originariamente quince años antes). Mi amigo Eric Korn, anticuario y especialista en Darwin, me contó que en una ocasión consiguió un ejemplar en el que se había colado la matriz de un giro postal de 1882 de dos chelines y nueve peniques firmado por el propio Darwin en pago por un nuevo espécimen de orquídea. Darwin moriría en abril de ese año, pero todavía estaba enamorado de las orquídeas, y pocas semanas antes de su muerte seguía coleccionándolas para estudiarlas.

La belleza natural, para Darwin, no era solo estética, sino que siempre reflejaba una función y una adaptación a la actividad desempeñada. Las orquídeas no eran solo algo ornamental para exhibir en un jardín o en un ramo; eran mecanismos maravillosos, ejemplos de cómo funcionaba la imaginación de la naturaleza, la selección natural. Las flores no necesitaban ningún Creador, sino que eran totalmente comprensibles como productos del accidente y la selección, de diminutos cambios incrementales que se extendían a lo largo de cientos de millones de años. Para Darwin, ese era el significado de las flores, el sentido de todas las adaptaciones en las plantas y los animales, el sentido de la selección natural.

A menudo se ha considerado que Darwin, más que ningún otro, desterró el «sentido» del mundo, entendiendo por ello cualquier sentido o propósito global divino. De hecho, en el mundo de Darwin no hay ningún diseño, ni plan, ni borrador; la selección natural no posee dirección ni objetivo, ni se esfuerza por alcanzar ninguna meta. El darwinismo, se ha repetido a menudo, anunció el fin del pensamiento teleológico. Y, sin embargo, su hijo Francis escribe:

> uno de los mejores servicios que mi padre ha prestado al estudio de la Historia Natural es la resurrección de la Teleología. El evolucionista estudia el propósito o sentido de los órganos con el celo del teleologista de antaño, pero con un propósito mucho más amplio y coherente. Le estimula saber que no solo está adquiriendo conceptos aislados de la economía del presente, sino una visión coherente tanto del pasado como del presente. E incluso cuando no consigue descubrir la utilidad de alguna parte, gracias al conocimiento de su estructura puede ser capaz de desentrañar la historia de las vicisitudes anteriores en la línea de la especie. Y todo ello proporciona vigor y unidad al estudio de las formas de los seres organizados, algo de lo que antes carecía.

Así, sugiere Francis, «fue como obró Darwin tanto en su obra botánica como en *El origen de las especies*».

Al preguntar el porqué, al buscar el significado (no un sentido final, sino el sentido inmediato del uso o propósito), Darwin encontró en su obra botánica las pruebas más contundentes a favor de la evolución y la selección natural. Y con ello consiguió que la botánica dejara de ser una disciplina puramente descriptiva y se convirtiera en una ciencia evolucionista. La botánica, de hecho, fue la primera ciencia evolucionista, y la obra botánica de Darwin guiaría a todas las demás ciencias evolucionistas y llevaría a comprender que, tal como lo expresó Theodosius Dobzhansky, «en la biología nada tiene sentido si no es a la luz de la evolución».

Darwin se refería a *El origen* como «una única y prolongada argumentación». Sus obras botánicas, por el contrario, eran más personales y líricas, menos sistemáticas en su forma, y su efecto se basaba en la demostración, no en la argumentación. Según Francis Darwin, Asa Gray observó que si el libro sobre las orquídeas «hubiera aparecido antes que *El origen,* los teólogos naturales habrían canonizado al autor en lugar de anatemizarlo».

Linus Pauling afirmaba haber leído *El origen* cuando tenía nueve años. Yo no fui tan precoz, y no podría haber seguido esa «única y prolongada argumentación» a esa edad. Pero tenía una intuición de la visión del mundo de Darwin en nuestro propio jardín, que en los días de verano estaba lleno de flores y abejas que zumbaban de una planta a otra. Fue mi madre, aficionada a la botánica, quien me explicó lo que hacían las abejas con las patas amarillas de polen, y que ellas y las flores mantenían una relación de interdependencia.

Aunque casi todas las flores del jardín mostraban vivos aromas y colores, teníamos también dos magnolios, de flores de color apagado y carentes de aroma. Las flores de magnolio, cuando estaba maduro, se veían recorridas de diminutos insectos, pequeños escarabajos. Mi madre me explicó que los magnolios eran una de las plantas con flores más antiguas, y que había aparecido hacía casi cien millones de años, en una época en que los insectos «modernos», como las abejas, todavía no habían evolucionado, de manera que necesitaban un insecto más antiguo, el escarabajo, para la polinización.

La existencia de las abejas y las mariposas, las flores con colores y aromas, no era algo que estuviera predestinado, esperando entre bambalinas, y podría no haber surgido nunca. Se desarrollaron al mismo tiempo, en fases infinitesimales, a lo largo de millones de años. La posibilidad de un mundo sin abejas ni mariposas, sin aroma ni color, me dejó sobrecogido.

La idea de inmensos eones de tiempo –y la capacidad de cambios ínfimos e indirectos que mediante acumulación podían generar nuevos mundos, mundos de enorme riqueza y variedad– resultaba fascinante. La teoría de la evolución nos proporciona a muchos una sensación de sentido y satisfacción profundos que nunca habíamos encontrado en el plan divino. El mundo que teníamos delante pasó a ser una superficie transparente, a través de la cual se podía ver toda la historia de la vida. La idea de que las cosas podrían haber sido de otra manera, de que los dinosaurios todavía podrían estar deambulando por la tierra, o de que los seres humanos podrían no haber surgido nunca, resultaba perturbadora. Conseguía que la vida pareciera algo aún más preciado y maravilloso, una aventura permanente («un glorioso accidente», tal como la llamó Stephen Jay Gould), no algo fijo ni predeterminado, sino siempre susceptible de cambio y nuevas experiencias.

La vida en nuestro planeta se remonta a varios miles de millones de años, y nosotros encarnamos, literalmente, esta prolongada historia en nuestras estructuras, nuestros *comportamientos,* nuestros instintos y nuestros genes. Los seres humanos conservamos, por ejemplo, los vestigios de los arcos branquiales, muy modificados, procedentes de nuestros antepasados peces, e incluso los sistemas nerviosos que antaño controlaron el movimiento de las branquias. Tal como escribió Darwin en *El origen del hombre:* «El ser humano todavía lleva en su estructura corporal la impronta indeleble de sus humildes orígenes.» También llevamos un pasado incluso anterior; estamos hechos de células, y las células se remontan al mismísimo origen de la vida.

En 1837, en el primero de los muchos cuadernos que escribiría sobre «el problema de las especies», Darwin bosquejó un árbol de la vida. Su forma ramificada, tan arquetípica y poderosa, reflejaba el equilibrio de la evolución y la extinción. Darwin siempre hizo hincapié en la continuidad de la vida, en que todas las cosas vivas descienden de un ancestro común, y que, en este sentido, todos estamos emparentados. Así, los humanos no solo son parientes de los simios y otros animales, sino también de las plantas. (Ahora sabemos que las plantas y los animales comparten el setenta por ciento del ADN.) Y, sin embargo, debido a ese fabuloso instrumento que es la selección –la variación– natural, cada especie es única y cada individuo también es único.

No hay más que mirar el árbol de la vida para comprender la antigüedad y el parentesco de todos los organismos vivos, y cómo, en cada momento, encontramos una «descendencia con modificación» (tal como Darwin llamó originariamente a la evolución). También muestra que la evolución nunca se detiene, nunca se repite y nunca va hacia atrás. Muestra que la extinción es irrevocable: si una rama se corta, ese camino evolutivo concreto se pierde para siempre.

Me alegra ser consciente de mi singularidad biológica, mi antigüedad biológica y mi parentesco biológico con todas las demás formas de vida. Ser consciente de ello me arraiga, me permite sentirme cómodo en el mundo natural, experimentar ese sentido biológico propio, sea cual sea mi papel en el mundo cultural y humano. Y aunque la vida animal es mucho más compleja que la vida vegetal, y la vida humana mucho más compleja que la vida de los demás animales, para mí esta idea de sentido biológico se remonta a la epifanía de Darwin sobre el sentido de las flores, y a mi intuición de estas ideas en un jardín de Londres, ahora que ya ha pasado casi una vida.

VELOCIDAD

De niño me fascinaba la velocidad, la tremenda variedad de velocidades que encontraba en el mundo que me rodeaba. La gente se movía a diferentes velocidades; y los animales todavía mucho más. Las alas de los insectos se movían tan deprisa que no podías verlas, aunque se podía calcular su frecuencia por el tono que emitían: un ruido odioso, un mi agudo, en el caso de los mosquitos, o un delicioso zumbido de bajo en el caso de los gruesos abejorros que revoloteaban cada verano alrededor de las malvarrosas. Nuestra tortuga, que podía tardar un día entero en cruzar el césped, parecía vivir en un marco temporal completamente distinto. ¿Y qué decir, entonces, del movimiento de las plantas? Bajaba al jardín por la mañana y me encontraba las malvarrosas un poco más altas, las rosas más enroscadas en su espaldar, pero, por mucha paciencia que tuviera, nunca las vería moverse.

Estas experiencias influyeron a la hora de aficionarme a la fotografía, que me permitía alterar la velocidad del movimiento, acelerarla, ralentizarla, con lo que podía ver, ajustándolos a una velocidad perceptible para el ojo humano, detalles de movimientos o cambios que el ojo no tenía capacidad para detectar. Como me gustaban mucho los microscopios y los telescopios (mis hermanos mayores, estudiantes de medicina y observadores de las aves, tenían los suyos en casa), creía que ralentizar o acelerar el movimiento era una especie de equivalente temporal: la cámara lenta era una especie de ampliación, un microscopio del tiempo, y el movimiento acelerado una especie de reducción, un telescopio del tiempo.

Experimenté fotografiando plantas. Los helechos, en particular, me atraían mucho, sobre todo por sus báculos o brotes que se enroscaban apretados, tensos por el tiempo contenido, como resortes de reloj, con todo el futuro enrollado en ellos. De manera que colocaba mi cámara sobre un trípode, en el jardín, y fotografiaba los brotes cada hora; revelaba los negativos, los positivaba y unía más o menos una docena en un pequeño folioscopio. Y luego, como por arte de magia, veía abrirse los brotes como los matasuegras que se soplan en las fiestas, y lo que en tiempo real duraba un par de días ahora se comprimía en uno o dos segundos.

Ralentizar el movimiento no era tan fácil como acelerarlo, y para ello necesitaba a mi primo, que era fotógrafo y poseía una cámara de cine capaz de filmar más de cien fotogramas por segundo. Gracias a ella pude captar a los abejorros mientras revoloteaban sobre las malvarrosas y ver a cámara lenta el borroso batir de sus alas, lo que me permitió distinguir con claridad cada movimiento arriba y abajo.

Mi interés por la velocidad, el movimiento y el tiempo, y por cómo se podría conseguir ver las imágenes más deprisa o más despacio, me llevó a leer con especial deleite dos relatos de H. G. Wells: *La máquina del tiempo* y *El nuevo acelerador*, donde aparecían unas descripciones casi cinemáticas y vivamente imaginadas del tiempo alterado.

«Cuando aceleré el ritmo, la noche siguió al día como el aleteo de un ala negra», relata el Viajero del Tiempo de Wells:

> Vi el sol brincando velozmente por el cielo, saltando a cada minuto, y cada minuto señalaba un día. [...] El caracol más lento de la tierra me adelantaba sin que pudiera alcanzarlo. [...] Al poco, mientras seguía avanzando, todavía cobrando velocidad, la palpitación del día y la noche se fundieron en un gris continuo [...], el espasmódico sol se convirtió en una línea de fuego [...], la luna en una franja fluctuante más tenue. [...] Vi árboles que crecían y cambiaban como bocanadas de vapor [...], enormes edificios se alzaban hermosos y ligeros, y pasaban como sueños. Toda la superficie de la tierra parecía transformada: se derretía y fluía bajo mis ojos.

Lo contrario ocurre en *El nuevo acelerador,* un relato que trata de una droga que acelera varios miles de veces las percepciones, pensamientos y metabolismo. Su inventor y el narrador, que han tomado la droga juntos, salen a un mundo cubierto de hielo y observan

> a gente como nosotros pero que sin embargo no acaban de serlo, paralizados en actitudes descuidadas, a mitad de un gesto. [...] Y deslizándose por el aire con unas alas que batían lentamente, y a la velocidad de un caracol excepcionalmente lánguido, se veía una abeja.

La máquina del tiempo se publicó en 1895, una época que experimentó un vivo interés por lo que entonces podían conseguir la fotografía y la cinematografía a la hora de revelar detalles de movimientos inaccesibles al ojo humano.

El fisiólogo francés Étienne-Jules Marey había sido el primero en demostrar que había un momento en que las cuatro patas de un caballo al galope no tocaban el suelo. Su obra, tal como pone de manifiesto la historiadora Marta Braun, resultó fundamental a la hora de impulsar los famosos estudios fotográficos del movimiento de Eadweard Muybridge. Marey, estimulado a su vez por Muybridge, acabó ideando unas cámaras de alta velocidad que podían ralentizar y casi detener el movimiento de pájaros e insectos en vuelo, y, en el extremo opuesto, utilizó la fotografía de cámara rápida para acelerar los movimientos de otro modo casi imperceptibles de los erizos de mar, las estrellas de mar y otros animales marinos.

A veces me preguntaba si las velocidades de los animales y las plantas podían ser muy diferentes de lo que eran: hasta qué punto estaban constreñidos por límites internos y externos, siendo estos últimos la gravedad de la tierra, la cantidad de energía recibida del sol, la cantidad de oxígeno de la atmósfera, etc. Así fue como acabé fascinado por otra ficción de Wells, *Los primeros hombres en la Luna,* con su hermosa descripción de cómo el crecimiento de las plantas se veía drásticamente acelerado en un cuerpo celestial con una fracción de la gravedad de la Tierra:

> Con una inquebrantable seguridad y una veloz determinación, estas asombrosas semillas introducían una raicilla en la tierra y proyectaban hacia arriba un pequeño y extraño brote que parecía un fardo. [...] Estos brotes con aspecto de fardos se hinchaban, se tensaban y se abrían con un espasmo, proyectando una corona de afiladas puntitas [...] que se alargaban rápidamente, se alargaban de manera visible mientras observábamos. El movimiento era más lento que el de cualquier animal, pero más rápido

> que el de cualquier planta que hubiera visto antes. ¿Cómo puedo conseguir que os hagáis una idea de cómo crecían? [...] ¿Alguna vez, en un día frío, os habéis puesto el termómetro en la mano caliente y contemplado cómo asciende la pequeña columna de mercurio? Así es como crecen estas plantas lunares.

Aquí, al igual que en *La máquina del tiempo* y *El nuevo acelerador,* la descripción era irresistiblemente cinemática, e hizo que me preguntara si el joven Wells había visto fotografías de plantas a cámara rápida, o incluso experimentado con ellas, como había hecho yo.

Unos años más tarde, cuando estudiaba en Oxford, leí los *Principios de psicología* de William James, y allí, en un maravilloso capítulo sobre «La percepción del tiempo», encontré esta descripción:

> Todas las razones apuntan a que las criaturas posiblemente difieren enormemente en la duración que intuitivamente perciben y en la sutileza de los sucesos que llenan esos momentos. Von Baer se ha permitido algunos cálculos interesantes del efecto de tales diferencias a la hora de cambiar el aspecto de la naturaleza. Supongamos que, en el intervalo de un segundo, somos capaces de observar con claridad diez mil sucesos en lugar de apenas diez, como ahora; si nuestra vida estuviera destinada a retener el mismo número de impresiones, quizá fuera mil veces más corta. Deberíamos vivir menos de un mes, y personalmente no sabríamos nada del cambio de estaciones. Si naciéramos en invierno, creeríamos en el verano como ahora creemos en los calores de la era Carbonífera. Los movimientos de los seres orgánicos serían tan lentos para nuestros sentidos que podríamos inferirlos, pero no verlos. El

sol permanecería fijo en el cielo, la luna estaría libre de cualquier cambio, etc. Pero ahora invirtamos la hipótesis e imaginemos un ser que solo experimenta una milésima parte de las sensaciones que solemos tener en un momento dado, y que por consiguiente vive mil veces más. Los veranos y los inviernos serán para él como un cuarto de hora. Los champiñones y las plantas de crecimiento más rápido brotarán tan velozmente que parecerán creaciones instantáneas; los arbustos anuales surgirán y caerán de la tierra como manantiales en constante ebullición; los movimientos de los animales resultarán tan invisibles como los movimientos de las balas y los obuses; el sol recorrerá el cielo como un meteoro, dejando una estela de fuego a su paso, etc. Sería imprudente negar que dichos casos imaginarios (a no ser que se posea una longevidad sobrehumana) puedan concebirse en algún ejemplo del reino animal.

Este texto se publicó en 1890, cuando Wells era un joven biólogo (y escritor de textos de biología). ¿Es posible que hubiera leído a James, o, ya puestos, los cálculos originales de Von Baer de la década de 1860? De hecho, se podría afirmar que en todas estas descripciones hay implícito un modelo cinematográfico, pues registrar un mayor o menor número de acontecimientos en un momento dado es exactamente lo que hacen las cámaras de cine cuando filman más deprisa o más despacio que los habituales veinticuatro fotogramas por segundo.

Se dice a menudo que a medida que uno se hace mayor el tiempo parece ir más deprisa, que los años vuelan, ya sea porque cuando uno es joven los días rebosan impresiones nuevas y excitantes, o porque cuando uno se hace mayor cada año se convierte en una fracción más y más pequeña de la propia vida. Pero si los años parecen pasar más deprisa, no ocurre lo mismo con las horas y los minutos; son los mismos de siempre.

Al menos eso me parece (ahora que ya he rebasado los setenta), aunque los experimentos han demostrado que a pesar de que los jóvenes son extraordinariamente precisos a la hora de calcular la duración de tres minutos contándolos en su fuero interno, todo apunta a que los mayores cuentan más lentamente, de manera que los tres minutos que perciben se acercan más a los tres y medio o cuatro. Pero no está claro que este fenómeno tenga nada que ver con la sensación existencial o psicológica de que el tiempo transcurre más deprisa a medida que uno envejece.

Las horas y los minutos se me hacen insoportablemente largos cuando estoy aburrido, y demasiado cortos cuando tengo algo interesante entre manos. Cuando era pequeño odiaba la escuela, pues me veía obligado a escuchar pasivamente la cantinela de los maestros. Cuando miraba el reloj de manera furtiva, contando los minutos hasta mi liberación, el minutero e incluso el segundero parecían moverse con infinita lentitud. En estas situaciones poseemos una exagerada conciencia del tiempo; de hecho, cuando uno está aburrido puede que no tenga conciencia de otra cosa que el tiempo.

Qué diferente la dicha de experimentar y reflexionar en el pequeño laboratorio químico que había instalado en mi casa, donde los fines de semana podía pasar todo un día absorto en una feliz actividad. Entonces no tenía ninguna conciencia del tiempo, hasta que comenzaba a resultarme difícil ver lo que estaba haciendo y comprendía que se había hecho de noche. Cuando años más tarde leí el texto de

Hannah Arendt (perteneciente a *La vida de la mente),* en el que habla de «una región intemporal, una presencia eterna en completo silencio, más allá de los relojes y los calendarios humanos [...] el silencio del Ahora en la existencia del hombre, sometida a la presión y al zarandeo del tiempo. [...] Este pequeño espacio atemporal en el mismísimo núcleo del tiempo», supe exactamente de qué estaba hablando.

Siempre se han relatado anécdotas relacionadas con la percepción del tiempo que tiene la gente cuando de repente le amenaza un peligro mortal, pero el primer estudio sistemático lo emprendió en 1892 el geólogo suizo Albert Heim, al explorar los estados mentales de treinta sujetos que habían sobrevivido a una caída en los Alpes. «La actividad mental pasaba a ser inmensa, a una velocidad cien veces mayor», observó Heim. «El Tiempo se dilataba enormemente. [...] En muchos casos, el individuo experimentaba una repentina revisión de todo su pasado.» En esta situación, escribió, «no había angustia», sino más bien una «profunda aceptación».

Casi un siglo más tarde, en la década de 1970, Russell Noyes y Roy Kletti, de la Universidad de Iowa, desempolvaron y tradujeron el estudio de Heim y a continuación recogieron y analizaron más de doscientos relatos de dichas experiencias. Casi todos sus sujetos, al igual que los de Heim, describían que la velocidad de su pensamiento aumentaba y que el tiempo parecía ralentizarse durante lo que ellos creían que iban a ser sus últimos momentos de vida.

Un conductor de coches de carreras que voló hasta una altura de diez metros en un accidente dijo: «Parecía que aquello no se acababa nunca. Todo iba a cámara lenta, y tuve la impresión de ser un actor en un escenario mientras me veía dar varias vueltas de campana [...] como si estuviera en la tribuna y pudiera ver todo lo que ocurría [...] pero no estaba asustado.» Otro conductor que coronaba una colina a gran velocidad y se encontró a treinta metros de un tren, seguro de que iba a arrollarlo, observó: «Cuando pasó el tren, vi la cara del maquinista. Era como una película a cámara lenta en la que los fotogramas avanzan entrecortados. Así fue como vi su cara.»

Mientras que algunas de estas experiencias cercanas a la muerte están marcadas por la sensación de desamparo y pasividad, incluso de disociación, en otras encontramos una intensa sensación de inmediatez y realidad, y una dramática aceleración del pensamiento, la percepción y la reacción, que permite sortear el peligro con éxito. Noyes y Kletti mencionan a un piloto de reactor que se enfrentó a una muerte casi cierta cuando su avión despegó incorrectamente del portaaviones. «En cuestión de tres segundos recordé vivamente más de una docena de acciones necesarias para conseguir recuperar la altitud de vuelo. Tenía todos los recursos necesarios a mi alcance. Lo recordaba casi todo y tenía la sensación de que lo controlaba todo.»

Noyes y Kletti consideraban que muchos de sus sujetos «habían llevado a cabo proezas, tanto físicas como mentales, de las que habitualmente habrían sido incapaces».

En cierto modo sería algo parecido a los atletas entrenados, sobre todo en el caso de aquellos que participan en deportes en los que hay que reaccionar con rapidez.

Una pelota de béisbol puede alcanzar más o menos los ciento cincuenta kilómetros por hora, y sin embargo, tal como mucha gente cuenta, da la impresión de que está casi inmóvil en el aire, las costuras parecen increíblemente visibles, y el bateador se halla en un marco temporal repentinamente ampliado y espacioso, en el que dispone de todo el tiempo necesario para golpear la pelota.

En una carrera ciclista, los participantes quizá se desplazan a casi sesenta kilómetros por hora, separados tan solo por unos centímetros. Para el observador, la situación parece en extremo precaria, y de hecho los ciclistas se hallan separados apenas por unos milisegundos. El más ligero error puede conducir a una caída múltiple. Pero para los ciclistas, que están intensamente concentrados, todo parece moverse con relativa lentitud, y disponen de mucho espacio y tiempo, suficiente para poder improvisar y llevar a cabo intrincadas maniobras.

La deslumbrante velocidad de los maestros de artes marciales, unos movimientos demasiado rápidos para que el ojo no entrenado pueda seguirlos, son ejecutados, en la mente de quien los lleva a cabo, con una lentitud y una elegancia casi propias del ballet, algo que a los entrenadores y preparadores les gusta denominar concentración relajada. La operación de la percepción de la velocidad se transmite a menudo en películas como *Matrix,* que alternan versiones aceleradas y ralentizadas de la acción.

La pericia de los atletas, sean cuales sean sus talentos innatos, solo se adquiere mediante años de práctica, entrenamiento y entrega. Al principio es imprescindible una atención y un esfuerzo conscientes e intensos para aprender todos los matices de la técnica y la sincronización. Pero en cierto momento las habilidades básicas y su representación nerviosa acaban tan consolidadas en el sistema nervioso que se convierten casi en una segunda naturaleza, y ya no resulta necesario el esfuerzo o la decisión conscientes. Es posible que un nivel de actividad cerebral funcione de manera automática, mientras que otro, el nivel consciente, esté creando una percepción temporal, una percepción elástica que se puede comprimir y expandir.

En la década de 1960, el neurofisiólogo Benjamin Libet, que investigaba cómo se tomaban las decisiones motoras simples, descubrió que las señales cerebrales que indican un acto de decisión se podían detectar varios cientos de milisegundos antes de que hubiera una conciencia consciente de ello. Un velocista campeón a lo mejor ya había iniciado la carrera y había avanzado cinco o seis metros antes de ser consciente de que se había dado el pistoletazo de salida. A lo mejor hace unos ciento treinta milisegundos que ha abandonado los bloques de salida, mientras que la conciencia necesita unos cuatrocientos milisegundos o más para registrar el pistoletazo. Libet sugirió que el hecho de que el corredor crea haber oído conscientemente la detonación y haber tomado la salida de inmediato es una ilusión que resulta posible porque la mente hace que el sonido del disparo «anteceda» la salida en casi medio segundo.

Dicha reordenación del tiempo, al igual que la aparente compresión o expansión de este, suscita la pregunta de cómo percibimos normalmente el tiempo. William James llegó a la conclusión de que nuestra idea del tiempo, nuestra velocidad de percepción, depende de cuántos «sucesos» podamos percibir en una unidad de tiempo concreta.

Muchos indicios sugieren que la percepción consciente (al menos la percepción visual) no es algo continuo, sino que está formada de momentos discretos, como los fotogramas de una película, que se mezclan para dar una apariencia de continuidad. Al parecer, esa partición del tiempo no se da en acciones rápidas y automáticas, como devolver una pelota de tenis o batear en el béisbol. El neurocientífico Christof Koch distingue entre «comportamiento» y «experiencia», y propone que «cabe la posibilidad de que el comportamiento se lleve a cabo de una manera fluida, mientras que la experiencia podría estructurarse en intervalos discretos, como en una película». Este modelo de conciencia permitiría un mecanismo jamesiano mediante el cual la percepción del tiempo podría acelerarse o ralentizarse. Koch se pregunta si la aparente ralentización del tiempo en emergencias y en competiciones atléticas (al menos cuando los atletas están «en la zona») podría obedecer a una capacidad de concentración intensa que redujera la duración de los fotogramas individuales.

Para William James, las desviaciones más sorprendentes del tiempo «normal» las proporcionaba el efecto de ciertas drogas. Él mismo probó algunas, desde el óxido nitroso al peyote, y en ese capítulo sobre la percepción del tiempo, inmediatamente después de su meditación sobre Von Bauer hizo una referencia al hachís. «En la embriaguez por hachís», escribe, «se da un curioso aumento de la aparente perspectiva temporal. Pronunciamos una frase, y antes de llegar al final ya parece haber transcurrido muchísimo tiempo desde que articulamos el principio. Entramos en un callejón, y es como si nunca hubiéramos de llegar al final.»

Las observaciones de James son una reproducción casi exacta de las que llevó a cabo Jacques-Joseph Moreau cincuenta años antes. Moreau, que era físico, fue uno de los primeros en poner de moda el hachís en el París de la década de 1840. De hecho, junto con Gautier, Baudelaire, Balzac y otros científicos y artistas, formaba parte de Le Club des Hachichins. Moreau escribió:

> Una noche, al cruzar el pasaje cubierto de la place de l'Opéra, me sorprendió lo mucho que tardaba en llegar al otro lado. Había dado como mucho unos pocos pasos, pero tuve la impresión de que llevaba allí dos o tres horas.

> [...] Apreté el paso, pero el tiempo no pasó más rápidamente. [...] Me pareció [...] que aquel paseo era interminable, y que la salida hacia la que me dirigía iba retrocediendo en la distancia a la misma velocidad a la que yo aceleraba el paso.

La sensación de un mundo enormemente ralentizado, incluso suspendido, podría acompañar la sensación de que unas pocas palabras, unos pocos pasos, pueden durar un tiempo desorbitado. Louis J. West, citado en el libro de 1970 *Psychotomimetic Drugs* (editado por Daniel Efron), relata esta anécdota: «Dos hippies están sentados en el Golden Gate Park. Ambos están colocados de "hierba". Un reactor pasa zumbando sobre sus cabezas y desaparece; en ese momento uno de los hippies se vuelve hacia el otro y le dice: "¡Tío, pensaba que nunca acabaría de pasar!"»

Pero mientras que el mundo exterior puede dar la apariencia de que se demora, un mundo interior de imágenes y pensamientos podría activarse a gran velocidad. A lo mejor emprendes un complicado viaje mental en el que visitas diferentes países y culturas, compones un libro o una sinfonía, o vives una vida entera o una época de la historia, para al final descubrir que apenas han pasado minutos o segundos. Gautier relató que entró en un trance de hachís en el que «las sensaciones que se sucedían eran tan numerosas y tan apresuradas que resultó imposible tener una fiel noción del tiempo». Tuvo la sensación subjetiva de que aquello había durado «trescientos años», pero al despertarse descubrió que no había durado más de un cuarto de hora.

La palabra «despertar» podría no ser solo una figura retórica, pues tales «viajes» a menudo se han comparado con los sueños o con las experiencias cercanas a la muerte. De vez en cuando me ha parecido haber vivido una vida completa entre la primera vez que ha sonado el despertador, a las cinco de la mañana, y la segunda, cinco minutos más tarde.

En ocasiones, cuando uno se queda dormido, el cuerpo sufre un fuerte espasmo involuntario (un espasmo «mioclónico»). Aunque dichos espasmos los generan partes primitivas del tronco encefálico (son, por así decir, reflejos de este), y como tales no poseen significado ni motivo intrínseco, se les podría dar significado y contexto, convertirlos en actos mediante un sueño improvisado en ese instante. Por ejemplo, el espasmo podría asociarse al sueño de tropezar o caer por un precipicio, o a abalanzarse para coger una pelota, etc. Esos sueños podrían ser vívidos en extremo y contar con diversas «escenas». Subjetivamente parecen comenzar antes del espasmo, y sin embargo es de suponer que todo el mecanismo del sueño es estimulado por la primera percepción preconsciente del espasmo. Toda esta elaborada reestructuración del tiempo se da en un segundo o menos.

Existen ciertos ataques epilépticos, a veces denominados ataques experienciales, en los que un recuerdo detallado o una alucinación del pasado de repente se impone sobre la conciencia del paciente y sigue un curso subjetivamente prolongado y pausado en lo que objetivamente son apenas unos segundos. Estos ataques por lo general se relacionan con la actividad compulsiva de los lóbulos temporales del cerebro, y en algunos pacientes se pueden provocar mediante la estimulación eléctrica de ciertos puntos de activación de la superficie de los lóbulos. A veces estas experiencias epilépticas están impregnadas de cierta importancia metafísica que acompaña a una duración subjetivamente enorme. Dostoievski escribió sobre esos ataques:

> Hay momentos, y apenas es cuestión de unos segundos, en los que sientes la presencia de la armonía eterna. [...]

> La aterradora claridad con que se manifiesta y el éxtasis con que te llena son algo terrible. [...] Durante estos cinco segundos vivo toda una existencia humana, y por ella daría mi vida entera y no pensaría que estoy pagando un precio demasiado alto.

Puede que en dichas ocasiones no tengamos esa sensación interior de velocidad, pero en otras –sobre todo con la mescalina o el LSD– uno podría sentirse proyectado a través de universos mentales a velocidades incontrolables y superiores a la de la luz. En *Las grandes pruebas del espíritu,* el poeta y pintor francés Henri Michaux escribe: «Las personas que regresan de la velocidad de la mescalina se refieren a una aceleración de cien o doscientas, e incluso quinientas, veces la velocidad normal.» Comenta que probablemente sea una ilusión, pero que aun cuando la aceleración fuera mucho más modesta –«solo seis veces» la normal–, el incremento seguiría siendo increíble. Michaux cree que lo que se experimenta no es tanto una enorme acumulación de detalles exactos y literales como una serie de impresiones globales, las partes más dramáticas, como en un sueño.

Pero, dicho esto, si la velocidad del pensamiento se pudiera aumentar de manera significativa, el incremento se pondría de manifiesto de inmediato (caso de que poseyéramos los medios experimentales para examinarlo) en los registros fisiológicos del cerebro, y quizá demostraría los límites de lo que es neuralmente posible. Sin embargo, necesitaríamos el nivel adecuado de actividad celular para registrarlo, y no se trataría del nivel de células nerviosas, sino de un nivel superior, el nivel de interacción entre grupos de neuronas en la corteza cerebral, que, al ser decenas o centenares de miles, forman el correlato nervioso de la conciencia.

La velocidad de dichas interacciones nerviosas normalmente está regulada por un delicado equilibrio entre las fuerzas excitadoras e inhibidoras, aunque existen ciertas condiciones en las que las inhibiciones podrían relajarse. Los sueños remontan el vuelo, se mueven de manera libre y rápida precisamente porque la actividad de la corteza cerebral no está constreñida por la percepción ni por la realidad externa. Quizá podrían aplicarse consideraciones parecidas a los trances inducidos por la mescalina o el hachís.

Otras drogas (depresivos en general, como los opiáceos y los barbitúricos) podrían tener el efecto opuesto, produciendo una inhibición densa y opaca del pensamiento y el movimiento, de manera que se entra en un estado en el que se diría que apenas sucede nada, y después, tras lo que parecen haber sido unos minutos, te encuentras con que ha transcurrido un día entero. Estos efectos son similares a la acción del Retardador, una droga que Wells imaginó como lo opuesto del Acelerador:

> El Retardador [...] debería permitir al paciente que unos pocos segundos ocuparan muchas horas del tiempo habitual, manteniendo así una inacción apática, una ausencia de viveza semejante a la de un glaciar, cuando se halla en medio de un entorno muy animado o irritante.

Que podían existir trastornos de la velocidad nerviosa profundos y persistentes que duraran años e incluso décadas se me ocurrió por primera vez cuando, en 1966, entré a trabajar en el Beth Abraham Center del Bronx, un hospital para gente con enfermedades crónicas, y me encontré con los pacientes acerca de los cuales escribí posteriormente en mi libro *Despertares*. Había docenas de pacientes como esos en el vestíbulo y en los pasillos, y todos ellos se movían a un tiempo distinto, algunos violentamente acelerado, otros a cámara lenta, y algunos casi congelados. Mientras contemplaba ese paisaje de tiempo desordenado, de repente me vino a la memoria el recuerdo del Acelerador y el Retardador de Wells. Descubrí que todos esos pacientes habían sobrevivido a la gran pandemia de encefalitis letárgica que barrió el planeta entre 1917 y 1928. De los millones de personas que contrajeron esta «enfermedad del sueño», más o menos un tercio murió en las fases agudas, en estados de sueño tan profundo que no se les podía despertar, o en estados de vigilia tan intensos que resultaba imposible sedarlos. Algunos de los supervivientes, aunque a menudo acelerados y excitados en los primeros días, posteriormente habían desarrollado una forma extrema de párkinson que los había dejado ralentizados e incluso paralizados, a veces durante décadas. Unos cuantos pacientes seguían acelerados, y uno de ellos, Ed M., de hecho tenía la mitad del cuerpo acelerado y la otra mitad ralentizado.[1]

En la enfermedad de Parkinson habitual, además del temblor por rigidez, se ven aceleraciones y deceleraciones moderadas, pero en el párkinson posencefálico, en el que el daño en el cerebro es generalmente mucho mayor, podríamos encontrar aceleraciones y ralentizaciones en los límites máximos fisiológicos y mecánicos del cerebro y el cuerpo. La dopamina, un neurotransmisor esencial para el flujo

1. El mismísimo vocabulario de la enfermedad de Parkinson se expresa en términos de velocidad. Los neurólogos poseen una variedad de términos que lo indican: si el movimiento se ralentiza, se habla de bradicinesia; si se detiene, de acinesia; si es excesivamente rápido, de taquicinesia. De manera semejante, se puede padecer bradifrenia o taquifrenia, ralentización o aceleración del pensamiento.

normal del movimiento y el pensamiento, se ve drásticamente reducida en la enfermedad de Parkinson habitual a menos de un quince por ciento de los niveles normales. En el párkinson posencefálico, los niveles de dopamina resultan casi indetectables.

En 1969 conseguí activar a la mayoría de esos pacientes paralizados suministrándoles la droga L-dopa, que había resultado efectiva hacía poco a la hora de aumentar los niveles de dopamina del cerebro. Al principio eso devolvió a muchos pacientes una velocidad y libertad de movimiento normales. Pero luego, sobre todo en los que estaban más afectados, tuvo un efecto contrario. Una paciente, Hester Y., mostró tal aceleración de movimiento y habla al cabo de cinco días de tomar L-dopa que, tal como observé en mi diario,

> si antes había parecido una película a cámara lenta, o el fotograma de una película atascada en el proyector, ahora daba la impresión de ser una película acelerada, hasta el punto de que mis colegas, al observar una filmación de la señora Y. que había rodado en aquella época, insistían en que el proyector iba demasiado deprisa.

Al principio supuse que Hester y otros pacientes se daban cuenta de la velocidad insólita a la que se movían, hablaban o pensaban, y que simplemente eran incapaces de controlarse. Pronto descubrí que de ninguna manera era así. Y tampoco ocurre en pacientes con la enfermedad de Parkinson habitual, como observó el neurólogo inglés William Gooddy al comienzo de su libro *Time and the Nervous System*. Escribió que un observador podría darse cuenta de lo lentos que son los movimientos de un afectado de párkinson, pero que «el paciente dirá: "Mis movimientos [...] me parecen normales a no ser que vea lo mucho que duran mirando el reloj. El reloj de la pared de la sala parece ir extremadamente deprisa"».

Gooddy se refiere aquí al tiempo «personal» en contraste con el tiempo «del reloj», y la desviación entre el tiempo personal y el tiempo del reloj podría alcanzar un abismo insalvable con la bradicinesia común en el párkinson posencefalítico. Con frecuencia veía a mi paciente Miron V. sentado en el pasillo al que daba mi consulta. Parecía inmóvil, con el brazo derecho a menudo levantado, a veces unos cinco centímetros por encima de la rodilla, a veces cerca de la cara. Cuando le pregunté por esas poses paralizadas, me respondió indignado: «¿Qué quiere decir con lo de "poses paralizadas"? Me estaba sonando la nariz.»

Me pregunté si me estaba tomando el pelo. Una mañana, durante un lapso de horas, tomé una serie de veinte fotografías más o menos y las grapé para formar un folioscopio como los que había utilizado para mostrar cómo se abría la fronda del helecho cabeza de violín. Gracias a ello pude darme cuenta de que realmente Miron se sonaba la nariz, pero a una velocidad mil veces más lenta de lo habitual.

Tampoco Hester parecía percatarse de hasta qué punto su tiempo personal divergía del tiempo del reloj. En una ocasión les pedí a mis alumnos que jugaran a la pelota con ella, y descubrieron que era imposible atrapar sus lanzamientos, rápidos como el rayo. Hester devolvía la pelota tan rápidamente que esta a veces golpeaba con fuerza las manos de mis alumnos, todavía extendidas a causa del lanzamiento. «Ya veis lo rápida que es», dije. «No la subestiméis. Más vale que estéis preparados.» Pero era imposible que estuvieran preparados, porque su tiempo de reacción más veloz se acercaba a una séptima de segundo, mientras que el de Hester era apenas una décima de segundo.

Y solo cuando Miron y Hester se hallaban en un estado normal, ni excesivamente retardado ni acelerado, podían apreciar lo increíble que había sido su lentitud o velocidad, y a veces era necesario mostrarles una película o una cinta para convencerlos.[1]

En los trastornos de escala temporal, no parece haber límites al grado de ralentización que puede darse, y la aceleración del movimiento a veces parece constreñida por los límites físicos de articulación. Si Hester intentaba hablar o contar en voz alta en uno de sus estados acelerados, las palabras o los números colisionaban unos con otros. Dichas limitaciones físicas eran menos evidentes en el caso del pensamiento y la percepción. Si le enseñabas un dibujo en perspectiva del cubo de Necker (un dibujo ambiguo que normalmente parece cambiar de perspectiva cada pocos segundos) a lo mejor, cuando iba ralentizada, veía cambios cada minuto o dos (o ninguno, si estaba «paralizada»), pero cuando se aceleraba, veía el cubo «meteórico», como si cambiara de perspectiva varias veces por segundo.

También encontramos unas asombrosas aceleraciones en el síndrome de Tourette, una dolencia que se caracteriza por compulsiones, tics y movimientos y ruidos involuntarios. Algunas personas con Tourette son capaces de cazar una

1. Los trastornos de escala espacial son tan comunes en el parkinsonismo como los trastornos de escala temporal. Un signo que casi sirve para diagnosticar el párkinson es la micrografía: escribir con una letra diminuta y a menudo cada vez más pequeña. Lo habitual es que los pacientes no se den cuenta de ello en el momento; solo posteriormente, cuando regresan a un marco espacial de referencia normal, son capaces de juzgar que su letra era más pequeña de lo habitual. Así, en algunos pacientes podría darse una compresión espacial comparable a la compresión del tiempo. Uno de mis pacientes posencefalíticos solía decir: «Mi espacio, nuestro espacio, no se parece en nada al suyo.»

mosca al vuelo. Cuando le pregunté a un hombre cómo lo conseguía, dijo que no tenía la sensación de moverse especialmente deprisa, sino que, en su caso, eran las moscas las que se movían lentamente.

Si uno extiende la mano para tocar o agarrar algo, la velocidad normal es más o menos de un metro por segundo. Cuando se experimenta con un sujeto normal y se le pide que lo haga lo más deprisa posible, puede llegar a alcanzar los 4,5 metros por segundo. Pero cuando le pedí a Shane F., un artista que padece Tourette, que extendiera el brazo lo más deprisa posible, consiguió alcanzar fácilmente una velocidad de siete metros por segundo sin sacrificar ni la precisión ni la fluidez del movimiento.[1] Cuando le pedí que se ciñera a la velocidad normal, sus movimientos se volvieron forzados, torpes, imprecisos y llenos de tics.

Otro paciente que sufría un Tourette grave y hablaba muy deprisa me dijo que, además de los tics y vocalizaciones, podía ver y oír cosas que a los demás –con nuestros ojos y oídos «lentos»– se nos podían pasar por alto. Su gran variedad de «microtics» solo era perceptible si se le grababa en vídeo y se analizaba fotograma a fotograma. De hecho podían darse diversas series de «microtics» de manera simultánea, al parecer totalmente disociados unos de otros, y en su conjunto encontrabas quizá docenas de microtics en un solo segundo. La complejidad de todo ello resulta tan asombrosa como su velocidad, y se me ocurrió que se podría escribir todo un libro, un atlas de tics, basándose en apenas cinco segundos de grabación. Me dije que dicho Atlas proporcionaría una especie de microscopio del cerebro-mente, pues todos los tics poseen determinantes, ya

1. Mis colegas y yo presentamos estos resultados en un encuentro de la Sociedad de Neurociencia (véase Sacks, Fookson, *et al.*, 1993).

sean interiores o exteriores, y el repertorio de tics de cada paciente es único.

Los intempestivos tics que pueden darse en un paciente con Tourette se parecen a lo que el gran neurólogo británico John Hughlings Jackson denominó el habla «emocional» o «exclamada» (en oposición al habla «proposicional», compleja y sintácticamente elaborada). El habla exclamada es esencialmente reactiva, preconsciente e impulsiva; elude el control de los lóbulos frontales, de la conciencia y del ego, y sale de la boca antes de que se la pueda inhibir.

En el caso del tourettismo y el párkinson no solo se ve alterada la calidad del movimiento y el pensamiento. El estado acelerado suele ser pródigo en invención y fantasía, salta rápidamente de una asociación a la siguiente y se ve arrastrado por la fuerza de su propio impulso. La lentitud, por el contrario, suele acompañar a la atención y la precaución, una postura sensata y crítica, cuya utilidad no es menor que el «empuje» de la efusión. Todo esto lo puso de manifiesto Ivan Vaughan, un psicólogo que padecía la enfermedad de Parkinson y que escribió una autobiografía titulada *Ivan: Living with Parkinson's Disease.* Me contó que quiso escribir el libro mientras estaba bajo la influencia de la L-dopa, pues en esos momentos su imaginación y sus procesos mentales parecían fluir de manera más libre y rápida, y veía asociaciones fértiles e inesperadas de todo tipo (aunque si iba demasiado acelerado no se podía concentrar tanto y se salía por todas las tangentes). Pero cuando se le pasaban los efectos de la L-dopa, se ponía a revisar lo que había escrito, pues se encontraba en un estado perfecto para podar la prosa a veces demasiado exuberante que había escrito cuando estaba «activado».

Mi paciente touréttico Ray, aunque a menudo se veía

asediado e intimidado por su Tourette, también consiguió explotarlo de diversas maneras. La rapidez (y a veces extrañeza) de sus asociaciones lo convertía en una persona ingeniosa; se refería a sus «agudezas con tics» y a sus «tics con agudezas, y se refería a sí mismo como Ray el *Ticqueur* Ingenioso».[1] Esta viveza e ingenio, cuando se combinaban con su talento musical, lo convertían en un formidable improvisador a la batería. Era casi imbatible al ping-pong, en parte por su anormal velocidad de reacción, y en parte debido a que sus golpes, aunque no técnicamente ilegales, eran tan impredecibles (incluso para él) que sus oponentes se quedaban desconcertados y eran incapaces de restar.

La gente que padece un síndrome de Tourette de extrema gravedad quizá sea lo más semejante a los seres acelerados que imaginaron Von Baer y James, y la gente que padece Tourette a veces se describe a sí misma como «sobrecargada». «Es como llevar un motor de quinientos caballos bajo el capó», dice uno de mis pacientes. De hecho, hay algunos atletas de categoría mundial que padecen Tourette, entre ellos los jugadores de béisbol Jim Eisenreich y Mike Johnston, el jugador de baloncesto Mahmoud Abdul-Rauf y el futbolista Tim Howard.

Pero si la velocidad del síndrome de Tourette puede ser tan adaptativa, una especie de don neurológico, entonces, ¿por qué la selección natural no ha servido para incrementar el número de «acelerados» entre nosotros? ¿Cuál es la sensación de ser relativamente lento, serio y «normal»? Las desventajas de la excesiva lentitud son evidentes, pero quizá sería necesario señalar que la excesiva velocidad también tiene sus problemas. La velocidad tourettica o posencefálica

1. Ray se describe a sí mismo en *El hombre que confundió a su mujer con un sombrero.*

va acompañada de desinhibición, una impulsividad y una impetuosidad que permiten que los movimientos y los impulsos «inapropiados» surjan de manera precipitada. En dichas condiciones, los impulsos peligrosos como acercar un dedo a una llama o lanzarse en mitad del tráfico, generalmente inhibidos en los demás, pueden liberarse y actuar antes de que la conciencia sea capaz de intervenir.

Y en casos extremos, si el flujo del pensamiento es demasiado rápido, puede extraviarse, romperse en un torrente de distracciones y tangentes superficiales, disolverse en una brillante incoherencia, un delirio fantasmagórico, casi onírico. La gente que padece un Tourette grave, como es el caso de Shane, puede descubrir que los movimientos, pensamientos y reacciones de los demás son insoportablemente lentos, y nosotros, los «neuronormales», a veces encontramos el mundo de Shane desconcertantemente veloz. «Estas personas nos parecen monos», escribió James en otro contexto, «mientras que a ellos nosotros les parecemos reptiles.»

En el famoso capítulo sobre «La voluntad» de sus *Principios de psicología,* James se refiere a lo que denomina la voluntad «perversa» o patológica, que se da en dos formas opuestas: la «explosiva» y la «obstruida». Utiliza estos términos en relación con personalidades y temperamentos psicológicos, pero parecen igualmente pertinentes a la hora de hablar de trastornos fisiológicos como el párkinson, el síndrome de Tourette y la catatonia. (Parece extraño que James nunca mencione que estas dos voluntades opuestas, la «explosiva» y la «obstruida», guardan, al menos a veces, una relación entre sí, pues debió de ver gente con lo que ahora llamamos trastorno maniaco depresivo bipolar que pasaba, en cuestión de semanas o meses, de un extremo a otro.)

Un amigo mío afectado de párkinson dice que hallarse en un estado ralentizado es como moverte dentro de una cuba de mantequilla de cacahuete, mientras que el estado acelerado es como descender sobre el hielo, sin fricción, por una colina cada vez más empinada, o encontrarte en un diminuto planeta carente de gravedad, sin ninguna fuerza que te sujete o te mantenga amarrado.

Aunque el estado atascado y paralizado parece encontrarse en el extremo opuesto del acelerado y explosivo, los pacientes pueden pasar casi de manera instantánea de uno a otro. El término «cinesia paradójica» fue introducido por algunos neurólogos franceses en la década de 1920 para describir esas transiciones extraordinarias aunque infrecuentes de los pacientes posencefalíticos, que apenas se han movido en años y que de repente se «liberan» y son capaces de moverse con gran energía y fuerza, solo para regresar, al cabo de unos minutos, a su estado anterior de inmovilidad. Cuando Hester Y. tomó L-dopa, esa alternancia alcanzó un grado extraordinario, y era propensa a sufrir docenas de repentinas inversiones cada día.

Inversiones parecidas pueden verse en muchos pacientes que sufren un síndrome de Tourette extremadamente grave, y la dosis más ínfima de ciertas drogas puede llevarlos a un estado de inmovilidad casi letárgico. Incluso sin medicación, en pacientes con Tourette suelen darse estados de inmovilidad y concentración casi hipnótica, que representan el envés, por así decir, del estado hiperactivo y fácil de distraer.

En el caso de la catatonia, se puede pasar de manera instantánea y casi drástica del estado inmóvil y letárgico a otro frenético de actividad desatada.[1] La catatonia es muy

1. El gran psiquiatra Eugen Bleuler lo describió en 1911: «A veces la paz y el silencio se ven interrumpidos por la aparición de un éxtasis catatónico. De repente el paciente se pone en pie como accionado por

infrecuente, sobre todo en nuestra época actual y tranquila, pero parte del miedo y el desconcierto que inspiran los enfermos mentales debe de proceder de estas transformaciones repentinas e impredecibles.

La catatonia, el párkinson y el síndrome de Tourette, no menos que el trastorno maniaco depresivo, pueden ser considerados trastornos «bipolares». Todos ellos, por utilizar el término francés del siglo XIX, son trastornos *à double forme:* trastornos con el rostro de Jano, que pueden pasar de manera incontinente de una cara, de una forma, a otra. La posibilidad de que surja cualquier estado neutral, cualquier estado no polarizado, cualquier «normalidad», es tan reducida en tales trastornos que debemos concebir una enfermedad con una «superficie» en forma de mancuerna o reloj de arena, en la que solo un fino cuello o istmo de neutralidad surge entre los dos extremos.

Es corriente en neurología hablar de «déficits»: la desaparición de una función fisiológica (y quizá psicológica) debido a una lesión, o zona deteriorada, en el cerebro. Las lesiones de la corteza suelen producir déficits «simples», como pérdida de la visión del color o de la capacidad de reconocer las letras o los números. Por el contrario, las lesiones de los sistemas reguladores de la subcorteza que controlan el movimiento, el tempo, la emoción, el apetito, el nivel de conciencia, etc., socavan el control y la estabilidad,

---

un resorte, rompe algo, agarra a alguien con una fuerza y una destreza extraordinarias. [...] Un catatónico se despierta de su rigidez, se pone a correr por la calle en camisón durante tres horas, hasta que por fin cae y queda en estado cataléptico en la cuneta. Los movimientos a veces se ejecutan con gran fuerza, y casi siempre participan grupos musculares innecesarios. [...] Dichos pacientes parecen incapaces de controlar la medida y el poder de sus movimientos.»

de manera que los pacientes pierden la amplia base normal de resiliencia, el término medio, y se ven arrojados casi impotentes, como marionetas, de un extremo al otro.

Doris Lessing escribió en una ocasión sobre la situación en que se hallaban mis pacientes posencefalíticos: «Hacen que te des cuenta de que vivimos al filo de la navaja.» Sin embargo, cuando estamos sanos, no vivimos al filo de la navaja, sino sobre una amplia y estable silla de montar de normalidad. Fisiológicamente, la normalidad nerviosa refleja un equilibrio entre los sistemas excitadores e inhibidores del cerebro, un equilibrio que, en ausencia de drogas o deterioro, posee una extraordinaria flexibilidad y resiliencia.

Nosotros, en cuanto seres humanos, poseemos unas velocidades de movimiento relativamente constantes y características, aunque algunas personas son un poco más rápidas, otras un poco más lentas, y puede haber variaciones en nuestros niveles de energía y atención a lo largo del día. Tenemos más brío, nos movemos un poco más deprisa, vivimos más deprisa cuando somos jóvenes; a medida que envejecemos nos ralentizamos un poco, al menos por lo que se refiere al movimiento corporal y al tiempo de reacción. Pero la variedad de todas estas velocidades, al menos en la gente normal y en circunstancias normales, es bastante limitada. No hay mucha diferencia entre los tiempos de reacción de los jóvenes y los viejos, ni entre los mejores atletas del mundo y los que somos menos atléticos. También parece ser este el caso de las operaciones mentales básicas, la velocidad máxima a la cual se pueden llevar a cabo cálculos en serie, reconocimientos, asociaciones visuales, etc. Las asombrosas proezas de los maestros de ajedrez, de los que calculan a toda velocidad, de los improvisadores musicales y otros virtuosos, puede que tengan menos que ver con la velocidad nerviosa básica que con la amplia variedad de conocimientos, patrones y estrategias memorizados y habilidades enormemente sofisticadas a las que pueden apelar.

Y, sin embargo, de vez en cuando hay algunos que parecen alcanzar una velocidad de pensamiento sobrehumana. Es famoso el caso de Robert Oppenheimer, que cuando los jóvenes físicos acudían a explicarle sus ideas, a los pocos segundos captaba la esencia y las implicaciones de lo que le decían, y los interrumpía y ampliaba sus pensamientos prácticamente en cuanto abrían la boca. Casi todos los que escucharon improvisar a Isaiah Berlin, con su verbo torrencialmente rápido, acumulando una imagen tras otra, una idea tras otra, construyendo enormes estructuras mentales que evolucionaban y se disolvían ante sus propios ojos, tuvieron la sensación de haber sido testigos privilegiados de un pasmoso fenómeno mental. Lo mismo se puede decir de un genio cómico como Robin Williams, cuya capacidad de asociación e ingenio, explosiva e incandescente, parecía despegar y remontar el vuelo a la velocidad de un cohete. En estos casos, sin embargo, hemos de suponer que nos enfrentamos no a la velocidad de células nerviosas individuales y circuitos simples, sino a redes nerviosas de un orden muy superior que superan la complejidad de los superordenadores más grandes.

No obstante, los humanos, incluso los más rápidos de entre nosotros, poseemos una velocidad limitada por determinantes nerviosos básicos, por células cuya velocidad de ignición también está limitada, y por la limitada velocidad de conducción entre diferentes células y grupos celulares. Y si de alguna manera podemos acelerarnos una docena de veces o cincuenta, nos encontramos totalmente desincronizados con el mundo que nos rodea, y en una situación tan extravagante como el narrador de la historia de Wells.

Pero podemos compensar las limitaciones de nuestro cuerpo, nuestros sentidos, utilizando diversos tipos de instrumentos. Hemos descifrado el tiempo, al igual que en el siglo XVII desciframos el espacio, y ahora tenemos a nuestra disposición lo que son, de hecho, microscopios y telescopios temporales de un alcance prodigioso. Gracias a ellos podemos alcanzar una aceleración o una demora multiplicada por mil billones, de manera que podemos observar, mediante la estroboscopia de láser, la formación y disolución de enlaces químicos en femtosegundos; u observar, contraídos a unos pocos minutos a través de una simulación de ordenador, los trece mil millones de años de historia del universo desde el Big Bang hasta la actualidad, o (a una compresión temporal aún superior) el futuro proyectado hasta el fin de los tiempos. Gracias a tales instrumentos, podemos aumentar nuestras percepciones, acelerarlas o ralentizarlas, de hecho, hasta un grado totalmente inalcanzable para cualquier proceso vivo. De este modo, aunque no podemos salir de nuestra propia velocidad y tiempo, con la imaginación podemos entrar en todas las velocidades, en todos los tiempos.

SENSIBILIDAD: LAS VIDAS MENTALES DE LAS PLANTAS Y LAS LOMBRICES

El último libro de Charles Darwin, publicado en 1881, era un estudio de la humilde lombriz de tierra. Su tema principal –expresado en el título, *La formación del manto vegetal por la acción de las lombrices*– era el inmenso poder de las lombrices, en enormes cantidades a lo largo de millones de años, para labrar el suelo y cambiar la faz de la tierra.

Darwin calculó ese efecto:

> Tampoco deberíamos olvidar, al considerar la fuerza que ejercen las lombrices al triturar partículas de roca, que existen sobradas pruebas de que en cada hectárea de tierra lo bastante húmeda y no demasiado arenosa, pedregosa ni rocosa para que la puedan habitar las lombrices, un peso de más de diez toneladas de tierra atraviesa anualmente sus cuerpos y sube a la superficie. El resultado, para un país del tamaño de Gran Bretaña, en un periodo no muy prolongado en términos geológicos, como es el de un millón de años, no puede resultar insignificante.

De todos modos, sus primeros capítulos están dedicados de manera más sencilla a los «hábitos» de las lombrices. Las lombrices son capaces de distinguir entre la luz y la oscuridad, y generalmente permanecen bajo tierra, a salvo de los depredadores, durante las horas diurnas. No tienen oído, pero si bien son sordas a la vibración aérea, son enormemente sensibles a las vibraciones que cruzan la tierra, como pueden ser las generadas por las pisadas de un animal al acercarse. Darwin observó que todas estas sensaciones se transmiten a grupos de células nerviosas (que él denominó «los ganglios cerebrales») que se hallan en la cabeza de la lombriz.

«Cuando de repente se acerca una luz a una lombriz», escribió Darwin, «huye rauda como un conejo a su madriguera.» Observó que «al principio consideré ese acto como reflejo», pero después observó que ese comportamiento se podía modificar; por ejemplo, cuando un gusano estaba ocupado en alguna tarea, no se retiraba cuando súbitamente se le exponía a la luz.

Para Darwin, la capacidad de modular sus reacciones indicaba «la presencia de algún tipo de mente». También se refirió a las «cualidades mentales» de las lombrices cuando taponaban sus madrigueras, observando que «si las lombrices son capaces de juzgar [...] después de transportar un objeto cerca de la boca de su madriguera, el mejor modo de introducirlo en ella, es porque se han hecho alguna idea de su forma general», lo que me llevó a defender que las lombrices «merecen ser denominadas inteligentes, pues actúan casi de la misma manera que un hombre en parecidas circunstancias».

Cuando era niño, jugaba con las lombrices de tierra de nuestro jardín (que luego utilicé en proyectos de investigación), pero lo que más me gustaba era la orilla del mar, sobre todo las pozas de marea, pues casi siempre veraneábamos en la costa. Esta atracción lírica y precoz por la belleza de esas sencillas criaturas marinas se convirtió en algo más científico gracias a la influencia de un profesor de biología de mi escuela y a las visitas anuales que organizaba a la estación marina de Millport, en el suroeste de Escocia, donde podíamos investigar la inmensa variedad de animales invertebrados de las orillas de Cumbrae. Me entusiasmaban tanto estas visitas a Millport que pensé que de mayor me gustaría ser biólogo marino.

Además del libro de Darwin sobre las lombrices de tierra, otro de mis favoritos era el de George John Romanes, publicado en 1885, *Jelly-Fish, Star-Fish, and Sea-Urchins: Being a Research on Primitive Nervous Systems,* donde encontré experimentos simples y fascinantes y hermosas ilustraciones. Romanes, amigo de juventud y alumno de Darwin, sería un apasionado de la costa y su fauna durante toda su vida, y su objetivo, sobre todo, iba a ser investigar lo que consideraba las manifestaciones del comportamiento de la «mente» de esas criaturas.

El estilo personal de Romanes me fascinaba. (Contó con la inmensa fortuna de poder llevar a cabo sus estudios de las mentes y los sistemas nerviosos de los invertebrados, según escribió él mismo, en «un laboratorio instalado en la playa [...] un cuidado taller de madera expuesto a las brisas marinas».) Pero estaba claro que establecer una relación entre el sistema nervioso y el comportamiento era una de las metas de la empresa de Romanes. Se refería a su obra como «psicología comparada», y la veía como algo análogo a la anatomía comparada.

Ya en 1850 Louis Agassiz había demostrado que la medusa *Bougainvillia* contaba con un importante sistema nervioso, y en 1883 Romanes mostró sus células nerviosas individuales (hay unas mil). A base de experimentos sencillos –cortar ciertos nervios, llevar a cabo incisiones en la campana, o analizar cortes aislados de tejido– demostró que la medusa utilizaba tanto mecanismos locales y autónomos (que dependían de «redes» nerviosas) como actividades centralmente coordinadas gracias al «cerebro» circular que discurre por los márgenes de la campana.

En 1884 Romanes pudo incluir dibujos de células nerviosas individuales y racimos de células nerviosas, o ganglios, en su libro *Mental Evolution in Animals*. «En todo el reino animal», escribió,

> el tejido nervioso se halla invariablemente presente en todas las especies cuya categoría geológica no queda por debajo de los hidrozoos. Los animales inferiores en los que hasta ahora se ha detectado son las *Medusae,* o medusas, y a partir de esa categoría hacia arriba lo encontramos, como ya he dicho, de manera invariable. Siempre que aparece, su estructura fundamental es muy parecida, de manera que ya sea el tejido nervioso de una medusa, una ostra, un insecto, un pájaro o un hombre, no tenemos ninguna dificultad en reconocer sus unidades estructurales más o menos parecidas en todas partes.

Al mismo tiempo que Romanes viviseccionaba medusas y estrellas de mar en su laboratorio junto al mar, el joven Sigmund Freud, ya un darwiniano apasionado, trabajaba en el laboratorio del fisiólogo vienés Ernst Brücke. Su interés principal consistía en comparar las células nerviosas de vertebrados e invertebrados, sobre todo las de los vertebrados muy primitivos (el *Petromyzon,* la lamprea) con las de los invertebrados (un cangrejo de río). Aunque la opinión común de la época era que los elementos nerviosos de los sistemas nerviosos de los invertebrados eran radicalmente distintos de los de los vertebrados, Freud consiguió mostrar e ilustrar, con bellos y meticulosos dibujos, que las células nerviosas de los cangrejos de río eran básicamente similares a las de las lampreas... y a las de los seres humanos.

Y comprendió, como nadie había hecho antes, que el cuerpo de la célula nerviosa y sus procesos –dendritas y axones– constituían los componentes básicos y las unidades de señalización del sistema nervioso. (Eric Kandel, en su libro *En busca de la memoria,* conjetura que si Freud no hubiera abandonado la investigación básica para dedicarse a la medicina, quizá hoy sería conocido como «cofundador de la doctrina de la neurona, y no como padre del psicoanálisis».)

Aunque las neuronas pueden diferir en tamaño y forma, son esencialmente lo mismo desde las del animal más primitivo hasta las del más avanzado. Lo que cambia es su número y organización: los humanos poseemos cien mil millones de células nerviosas, mientras que una medusa solo tiene unas mil. Pero su condición de células capaces de activarse de manera rápida y repetitiva es esencialmente la misma.

El papel fundamental de las sinapsis –las uniones entre neuronas donde se pueden modular los impulsos nerviosos, lo que proporciona flexibilidad a los organismos y toda una variedad de comportamientos– no quedó claro hasta finales del siglo XIX gracias al gran anatomista español Santiago Ramón y Cajal, que examinó los sistemas nerviosos de muchos vertebrados e invertebrados, y a Charles Sherrington en Inglaterra (fue Sherrington quien acuñó la palabra «sinapsis» y demostró que su función podía ser excitadora e inhibidora).

En la década de 1880, sin embargo, a pesar del trabajo de Agassiz y Romanes, se seguía creyendo que las medusas eran poco más que masas de tentáculos que flotaban de manera pasiva, dispuestos a picar e ingerir cualquier cosa que les saliera al paso, poco más que una especie de rocío del sol marino flotante.

Pero las medusas casi nunca son pasivas. Palpitan de manera rítmica, contraen cada parte de la campana de manera simultánea, cosa que requiere un sistema de marcapasos que activa cada pulso. Las medusas pueden cambiar la dirección y profundidad, y muchas poseen un comportamiento de «pescador», gracias al cual durante un minuto se dan la vuelta, extienden los tentáculos como si fueran una red y después se enderezan debido a sus ocho órganos de equilibrio capaces de percibir la gravedad. (Si se les extirpan estos órganos, las medusas quedan desorientadas y ya no pueden controlar su posición en el agua.) Si las muerde un pez, o perciben alguna amenaza, las medusas cuentan con una estrategia de huida –una serie de rápidas y potentes pulsaciones de la campana– que les permite salir disparadas para ponerse a salvo; en dichas ocasiones se activan unas neuronas especiales de gran tamaño (y que, por tanto, reaccionan rápidamente).

De especial interés e infame reputación entre los submarinistas resulta la avispa de mar *(Cubomedusae),* uno de los animales más primitivos que han desarrollado plenamente ojos formadores de imágenes no muy distintos de los nuestros. El biólogo Tim Flannery escribió de la avispa de mar:

> Se trata de cazadores activos de peces y crustáceos de tamaño medio, capaces de alcanzar una velocidad de 6,4 metros por minuto. También son la única medusa que posee ojos bastante sofisticados, con retina, córnea y lentes. Y disponen de un cerebro con memoria, capaz de aprender y guiar comportamientos complejos.

Nosotros y los animales superiores poseemos una simetría bilateral, un extremo frontal (la cabeza) que contiene un cerebro, y una dirección favorita de movimiento (hacia delante). El sistema nervioso de la medusa, al igual que el propio animal, posee una simetría radial y podría parecer menos sofisticado que el cerebro del mamífero, aunque tiene todo el derecho a ser considerado un cerebro, pues genera complejos comportamientos adaptativos y coordina todos los mecanismos motores y sensoriales del animal. Si se puede en este caso hablar o no de «mente» (tal como hace Darwin en relación con las lombrices de tierra) depende de cómo se defina la «mente».

Todos distinguimos entre plantas y animales. Tenemos entendido que las plantas, en general, están inmóviles y arraigadas en el suelo; despliegan sus hojas verdes hacia el cielo y se alimentan de la tierra y la luz del sol. Tenemos entendido que los animales, por el contrario, son móviles, se desplazan de un lugar a otro, hurgan en la tierra o cazan para comer; poseen diversos tipos de comportamiento fácilmente reconocible. Las plantas y los animales han evolucionado siguiendo dos caminos fundamentalmente distintos (y los hongos otro distinto), y son completamente diferentes en sus formas y modos de vida.

Sin embargo, Darwin insistía en que no estaban tan alejados como se podría pensar. Se reafirmó en esta idea al demostrar que las plantas que comen insectos utilizan corrientes eléctricas para moverse, al igual que hacen los animales, y que existía una «electricidad de las plantas» del mismo modo que existe una «electricidad de los animales». Pero la «electricidad de las plantas» se mueve lentamente, más o menos a 2,5 centímetros por segundo, como podemos ver al observar cómo los folíolos de la mimosa vergonzosa *(Mimosa pudica)* se cierran uno por uno a lo largo de la hoja cuando se la toca. La «electricidad de los animales», conducida por los nervios, se mueve mil veces más deprisa.[1]

Las señales entre las células se basan en cambios electroquímicos, el flujo de átomos con carga eléctrica que entran y salen de las células a través de poros moleculares o «canales» especiales enormemente selectivos. Estos flujos de iones provocan corrientes eléctricas, impulsos –potenciales de acción– que se transmiten (directa o indirectamente) de una célula a otra, tanto en plantas como en animales.

Las plantas se basan en gran medida en canales de iones de calcio, que encajan perfectamente con sus vidas relativamente lentas. Tal como expone Daniel Chamovitz en su libro *What a Plant Knows,* las plantas son capaces de registrar lo que llamaríamos visiones, sonidos, señales táctiles y mucho más. Las plantas «saben» lo que hacen, y «recuerdan». Pero, al carecer de neuronas, las plantas no aprenden del mismo modo que los animales; en lugar de ello, cuentan con un vasto arsenal de diferentes sustancias químicas, y lo que Darwin denominó «mecanismos». El borrador de todo ello debe de estar codificado en el genoma de la planta, y de hecho los genomas de las plantas son a menudo más grandes que el nuestro.

Los canales de los iones de calcio que utilizan las plantas no soportan una señalización rápida ni repetitiva entre

1. En 1852, Hermann von Helmholtz fue capaz de medir la velocidad de la conducción nerviosa, y descubrió que era de veinticuatro metros por segundo. Si aceleramos por mil una película con tomas a intervalos planificados del movimiento de una planta, el comportamiento de esta comienza a parecerse al de un animal, e incluso podría parecer «intencionado».

las células; en cuanto se genera el potencial de acción de una planta, no puede repetirse a una velocidad lo bastante rápida para alcanzar, por ejemplo, la velocidad a la que una lombriz de tierra «huye rauda [...] a su madriguera». La velocidad requiere iones y canales de iones que puedan abrirse y cerrarse en cuestión de milisegundos, permitiendo que en unos segundos se generen centenares de potenciales de acción. En este caso, los iones mágicos son el sodio y el potasio, que permiten el desarrollo de células musculares y células nerviosas que reaccionan rápidamente, y la neuromodulación en las sinapsis. Eso es lo que permitió que los organismos pudieran aprender, aprovecharse de la experiencia, juzgar, actuar y finalmente pensar.

Esta nueva forma de vida –la vida animal–, que emergió quizá hace seiscientos millones de años, otorgó grandes ventajas y transformó rápidamente las poblaciones. En la así llamada explosión cámbrica (que podemos fechar con extraordinaria precisión que ocurrió hace quinientos cuarenta y dos millones de años), una docena o más de nuevos filos, cada uno con planes corporales muy diferentes, surgieron en el transcurso de un millón de años o menos, geológicamente un abrir y cerrar de ojos. Los mares precámbricos, antaño pacíficos, se transformaron en una jungla de cazadores y cazados que de repente podían moverse. Y mientras que algunos animales (como las esponjas) perdieron sus células nerviosas y regresaron a una vida vegetativa, otros, sobre todo los depredadores, generaron órganos sensoriales cada vez más sofisticados, la memoria y la mente.

Resulta fascinante pensar que Darwin, Romanes y otros biólogos de su época buscaran una «mente», «procesos mentales», «inteligencia», e incluso «conciencia» en animales primitivos como las medusas e incluso los protozoos. Unas décadas más adelante, el conductismo radical acabaría dominando la escena, negando la realidad a lo que no era objetivamente demostrable, y negando, en concreto, cualquier proceso interior *entre* estímulo respuesta, considerándolos irrelevantes o al menos más allá del alcance del estudio reciente.

Dicha restricción o reducción facilitó, de hecho, los estudios de estímulo y respuesta, con «condicionantes» o sin ellos, y fueron los famosos estudios con perros de Pávlov los que formalizaron –en forma de «sensibilización» y «habituación»– lo que Darwin había observado en sus lombrices.[1]

Tal como escribió Konrad Lorenz en *Fundamentos de la etología:* «Una lombriz de tierra que acaba de evitar ser devorada por un mirlo [...] es de hecho precavida a la hora de reaccionar a estímulos semejantes con un umbral considerablemente inferior, pues no cabe duda de que el pájaro continuará en las inmediaciones durante los próximos segundos.» La disminución de este umbral, o sensibilización, es una forma elemental de aprendizaje, aun cuando sea no asociativa y relativamente efímera. Del mismo modo, una disminución de la reacción, o habituación, se da cuando existe un estímulo repetido pero insignificante, algo que se puede ignorar.

A los pocos años de la muerte de Darwin se demostró que incluso los organismos unicelulares como los protozoos eran capaces de exhibir una variedad de respuestas adapta-

1. Pávlov utilizó perros en sus famosos experimentos sobre el reflejo condicionado, y el estímulo condicionante generalmente era una campanilla que los perros aprendieron a asociar con la comida. Pero en una ocasión, en 1924, hubo una gran inundación en el laboratorio que casi ahogó a los perros. Después de ello, durante el resto de su vida muchos perros quedaron sensibilizados, incluso aterrados, al ver el agua. La sensibilización extrema o perdurable subyace al trastorno por estrés postraumático, tanto en los perros como en los hombres.

tivas. En concreto, Herbert Spencer Jennings demostró que el *Stentor,* un diminuto organismo unicelular en forma de trompeta y provisto de cilios, utiliza un repertorio de al menos cinco respuestas distintas cuando se le toca, antes de finalmente alejarse para encontrar un nuevo emplazamiento si todas las respuestas básicas son ineficaces. Pero si se le vuelve a tocar, se saltará los pasos intermedios y de inmediato buscará un nuevo lugar. Ha quedado sensibilizado a los estímulos nocivos, o, por utilizar términos más familiares, «recuerda» su desagradable experiencia y ha aprendido de ella (aunque el recuerdo solo dura unos minutos). Si, por el contrario, el *Stentor* se expone a una serie de toques muy suaves, pronto deja de responder a ellos: se ha habituado.

Jennings compiló su trabajo sobre la sensibilización y la habituación en organismos como los *Paramecium* y los *Stentor* en el libro de 1906 *Behavior of the Lower Organisms.* Aunque tuvo la precaución de evitar cualquier lenguaje subjetivo y mentalista en su descripción de los comportamientos de los protozoos, al final de su libro incluyó un asombroso capítulo sobre la relación del comportamiento observable con la «mente».

Consideraba que los humanos nos mostrábamos reacios a atribuir cualidades mentales a los protozoos porque son demasiado pequeños:

> Este autor, después de haber estudiado mucho tiempo el comportamiento de este organismo, está completamente convencido de que si la *Amoeba* fuera un animal grande, y participara en la experiencia cotidiana de los seres humanos, su comportamiento haría que se le atribuyeran estados de placer y dolor, de hambre, deseo y cosas parecidas, basándonos precisamente en los mismos motivos que hacen que atribuyamos todos estos estados a un perro.

La idea de Jennings de una *Amoeba* del tamaño de un perro y enormemente sensibilizada es casi una caricatura de la idea opuesta que tenía Descartes de los perros, a los que consideraba tan carentes de sensibilidad que se les podía diseccionar sin reparo y considerar que sus gritos no eran más que reacciones «reflejas» de carácter casi mecánico.

La sensibilización y la habituación son fundamentales para la supervivencia de todos los organismos vivos. Estas formas elementales de aprendizaje son efímeras –duran unos minutos a lo sumo– en los protozoos y las plantas; para que sean más duraderas necesitan un sistema nervioso.

Mientras florecían los estudios conductuales, casi no se prestaba atención a la base celular del comportamiento, el papel exacto que desempeñaban las células nerviosas y sus sinapsis. Las investigaciones en mamíferos –en las que se estudiaba, por ejemplo, el hipocampo o los sistemas memorísticos de la ratas– presentaban dificultades técnicas casi insuperables, debidas al diminuto tamaño y extrema densidad de las neuronas (además, había otras dificultades, aun cuando se pudiera registrar la actividad eléctrica de una sola célula, a la hora de mantenerla viva y en perfecto funcionamiento durante la realización de experimentos prolongados).

Ramón y Cajal, el primer y más importante microanatomista del sistema nervioso, al enfrentarse a estas dificultades en sus estudios anatómicos de principios del siglo XX, decidió estudiar sistemas más sencillos: los de animales jóvenes o fetos, y los de los invertebrados (insectos, crustáceos, cefalópodos y demás). Por razones parecidas, cuando Eric Kandel, en la década de 1960, se embarcó en un estudio de la base celular de la memoria y el aprendizaje, buscó un animal con un sistema nervioso más sencillo y accesible. Se decidió por la *Aplysia,* un gigantesco caracol marino que posee más o menos unas veinte mil neuronas, distribuidas en diez ganglios de unas dos mil neuronas cada uno. También posee neuronas especialmente grandes –algunas visibles incluso a simple vista– conectadas entre sí en circuitos anatómicos fijos.

Que la *Aplysia* pudiera ser considerada una forma de vida insignificante a la hora de estudiar la memoria no desanimó a Kandel, a pesar de cierto escepticismo por parte de sus colegas, no más de lo que había desanimado a Darwin cuando se refirió a las «cualidades mentales» de las lombrices de tierra. «Estaba comenzando a pensar como un biólogo», escribe Kandel al recordar su decisión de trabajar con las *Aplysia*. «Me di cuenta de que todos los animales poseen alguna forma de vida mental que refleja la arquitectura de su sistema nervioso.»

Al igual que Darwin había estudiado un reflejo de huida en las lombrices y cómo este podía facilitarse o inhibirse en distintas circunstancias, Kandel se fijó en el reflejo de protección de la *Aplysia,* en cómo apartaba sus branquias al descubierto para protegerlas y en la modulación de esta respuesta. Gracias al estudio (que a veces incluía la estimulación) de las células nerviosas y las sinapsis en el ganglio nervioso abdominal que gobernaba esas respuestas, fue capaz de mostrar que la memoria y el aprendizaje relativamente efímeros, como los que participan en la habituación y la sensibilización, se basaban en cambios funcionales de las sinapsis, pero que la memoria a largo plazo, que podía durar varios meses, iba acompañada de cambios estructurales en la sinapsis. (En ninguno de los dos casos había ningún cambio en los circuitos.)

A medida que en la década de 1970 surgían nuevas tecnologías y conceptos, Kandel y sus colegas consiguieron complementar estos estudios electrofisiológicos de la memoria y el aprendizaje con estudios químicos: «Queríamos penetrar en la biología molecular de un proceso mental para saber exactamente qué moléculas son responsables de la memoria a corto plazo.» Todo ello entrañaba, en concreto, estudios de los canales de iones y neurotransmisores que participaban en las funciones sinápticas, un trabajo monumental gracias al cual Kandel obtuvo el Premio Nobel.

Mientras que la *Aplysia* posee apenas veinte mil neuronas distribuidas en ganglios por todo su cuerpo, un insecto puede llegar a tener un millón de células nerviosas, y a pesar de su diminuto tamaño puede ser capaz de extraordinarias proezas cognitivas. Así, las abejas son expertas en reconocer colores, olores y formas geométricas distintas cuando se les presentan en el entorno de un laboratorio, así como las transformaciones sistemáticas de estas. Y naturalmente exhiben una magnífica pericia en un entorno natural o en nuestros jardines, donde no solo reconocen los dibujos, los olores y colores de las flores, sino que son capaces de recordar su emplazamiento y comunicárselo a las demás abejas.

Incluso se ha demostrado que, en especies altamente sociales de la avispa del papel, los individuos son capaces de aprender a reconocer las caras de las demás avispas. Dicho reconocimiento facial hasta ahora se había descrito tan solo en mamíferos, y resulta fascinante que una capacidad cognitiva tan específica se presente también en los insectos.

A menudo consideramos que los insectos no son más que unos diminutos autómatas, robots en los que todo está incorporado y programado. Pero resulta cada vez más evidente que los insectos son capaces de recordar, aprender, pensar y comunicarse de manera muy variada e inesperada. Sin duda, gran parte de ello está programado, pero también hay una gran parte que parece depender de la experiencia individual.

Sea cual sea el caso de los insectos, la situación es completamente distinta con esos genios de los invertebrados, los cefalópodos, entre los que encontramos a los pulpos, las sepias y los calamares. Para empezar, su sistema nervioso es mucho más grande: un pulpo puede llegar a tener quinientos millones de células nerviosas distribuidas entre su cerebro y sus «brazos» (en comparación, un ratón solo dispone de entre setenta y cinco y cien millones). Encontramos un extraordinario grado de organización en el cerebro de un pulpo, que cuenta con docenas de lóbulos funcionalmente definidos y un sistema de aprendizaje y memoria que guarda similitudes con el de los mamíferos.

No solo se puede entrenar fácilmente a los cefalópodos para que discriminen formas y objetos en el laboratorio, sino que algunos son capaces de aprender mediante la observación, una capacidad por lo demás limitada a ciertos pájaros y mamíferos. Poseen una extraordinaria capacidad de camuflaje y pueden indicar emociones o intenciones complejas cambiando el color, la forma y la textura de la piel.

En el *Viaje de un naturalista alrededor del mundo*, Darwin observó que un pulpo encontrado en una poza de marea pareció interactuar con él, mostrándose alternativamente vigilante, curioso e incluso juguetón. A los pulpos se les puede domesticar hasta cierto punto, y sus dueños a menudo empatizan con ellos, sienten algún tipo de proximidad mental y emocional. Podemos discutir hasta cansarnos si es posible utilizar la palabra con *c* –«conciencia»– en el caso de los cefalópodos, pero si concedemos que un perro podría tener una conciencia apreciable e individual, también lo tenemos que aceptar en el caso del pulpo.

La naturaleza ha utilizado al menos dos maneras distintas de construir un cerebro, y de hecho hay casi tantas maneras como filos en el reino animal. La mente, en grados diversos, ha surgido o se ha encarnado en todos ellos, a pesar del profundo abismo biológico que los separa entre sí, y a nosotros de ellos.

EL OTRO CAMINO: FREUD COMO NEURÓLOGO

> Es exigirle demasiado a la unidad de la personalidad conseguir que me identifique con el autor del ensayo sobre los ganglios espinales del *Petromyzon*. Sin embargo, debo de ser esa persona, y creo que ese descubrimiento me hizo más feliz que todos los realizados desde entonces.
>
> CARTA DE SIGMUND FREUD A KARL ABRAHAM,
> 21 de septiembre de 1924

Todo el mundo conoce a Freud como el padre del psicoanálisis, pero pocas personas están al corriente de los veinte años (desde 1876 hasta 1896) en que fue sobre todo neurólogo y anatomista; el propio Freud casi nunca se refirió a ellos en su existencia posterior. Sin embargo, su vida neurológica fue la precursora de su vida psicoanalítica, y quizá una clave esencial para llegar a esta última.

En su autobiografía nos revela que la precoz e imperecedera pasión que sintió por Darwin (además de por la «Oda a la naturaleza» de Goethe) fue lo que le decidió a estudiar medicina; en su primer año de universidad asistió a cursos sobre «Biología y darwinismo», así como a las clases del fisiólogo Ernst Brücke. Dos años después, ansioso por llevar a cabo alguna investigación práctica, Freud le pidió a Brücke un puesto en su laboratorio. Aunque, como escribiría posteriormente Freud, ya imaginaba que el cerebro humano y la mente podrían acabar siendo el tema definitivo de sus exploraciones, sentía una inmensa curiosidad por las primeras formas y orígenes de los sistemas nerviosos, y deseaba hacerse una idea de su evolución inicial.

Brücke sugirió que Freud estudiara el sistema nervioso de un pez muy primitivo –el *Petromyzon,* la lamprea–, y en particular las curiosas células «Reissner» que se acumulaban en torno a la médula espinal. Estas células habían llamado la atención desde la época de estudiante de Brücke, cuarenta años antes, pero su naturaleza y funcionamiento nunca habían llegado a comprenderse. El joven Freud consiguió detectar los precursores de estas células en la singular forma larval de la lamprea, y mostrar que eran homólogos a las células de los ganglios espinales posteriores del pez adulto, un descubrimiento importante. (Esta larva de *Petromyzon* es tan distinta de la forma madura que durante mucho tiempo se consideró que era un género distinto, el *Ammocoetes.)* A continuación pasó a estudiar un sistema nervioso invertebrado, el del cangrejo de río. En aquella época, los «elementos» nerviosos del sistema nervioso invertebrado se consideraban radicalmente distintos de los de los vertebrados, pero Freud consiguió demostrar que eran, de hecho, morfológicamente idénticos: lo que difería entre los animales primitivos y los avanzados no eran los elementos celulares, sino su organización. Así fue como surgió, ya en las primeras investigaciones de Freud, la idea de una evolución darwiniana mediante la cual, utilizando los medios más conservadores (es decir, los mismos elementos celulares anatómicos básicos), se podían construir sistemas nerviosos cada vez más complejos.[1]

Fue algo natural que a principios de la década de 1880, una vez obtenido su título de medicina, Freud se pasara a la neurología clínica, pero fue igualmente crucial para él continuar con su trabajo anatómico, estudiando los sistemas nerviosos humanos, cosa que hizo en el laboratorio del neuroanatomista y psiquiatra Theodor Meynert.[2] Para Meynert (al igual que para Paul Emil Flechsig y otros neuroanatomistas de la época) dicha conjunción no parecía en absoluto extraña. Se suponía que existía una relación simple y casi mecánica entre el cerebro y la mente, tanto en la salud como en la enfermedad; así, la obra magna de Meynert de 1884, titulada *Psiquiatría,* lleva el subtítulo de *Tratado clínico de las enfermedades del prosencéfalo*.

Aunque la frenología había caído en descrédito, el impulso localizacionista había cobrado ímpetu en 1861, cuando el neurólogo francés Paul Broca consiguió demostrar que siempre que alguna parte concreta del lado izquierdo del cerebro sufría algún deterioro se daba una pérdida de función

1. En esa época, la opinión general era que el sistema nervioso era un sincitio, una masa continua de tejido nervioso, y no fue hasta finales de las décadas de 1880 y 1890, gracias a los esfuerzos de Ramón y Cajal y Waldeyer, cuando se apreció la existencia de células nerviosas diferenciadas: las neuronas. El propio Freud, sin embargo, estuvo a punto de descubrirlo en sus primeros estudios.

2. Freud publicó una serie de estudios neuroanatómicos mientras estaba en el laboratorio de Meynert, centrándose sobre todo en los tractos y conexiones del tallo cerebral. A menudo calificaba estos estudios anatómicos de su labor científica «real», y posteriormente contempló la posibilidad de escribir un texto general sobre la anatomía del cerebro, pero no llegó a terminar el libro, y solo se publicó una versión muy condensada en el *Handbuch* de Villaret.

altamente específica: del lenguaje expresivo, una así llamada afasia expresiva. Otras correlaciones aparecieron rápidamente, y a mediados de la década de 1880 parecía que iba a cumplirse algo parecido al sueño frenológico, pues comenzaron a señalarse «centros» para el lenguaje expresivo, el lenguaje receptivo, la percepción del color, la escritura y otras muchas capacidades específicas. Meynert estaba encantado con este ambiente localizacionista, y, de hecho, él mismo, después de demostrar que los nervios auditivos se proyectaban en una zona específica de la corteza cerebral (la *Klangfeld,* o campo del sonido), postuló que cualquier lesión de esa zona presentaba en todos los casos una afasia sensorial.

Pero Freud no se sentía cómodo con esta teoría de la localización, y en el fondo se mostraba profundamente insatisfecho, pues comenzaba a pensar que todo el localizacionismo era mecanicista y consideraba que el cerebro y el sistema nervioso eran una máquina ingeniosa pero idiota, con una especie de correlación entre componentes y funciones elementales, y le negaba organización, evolución o historia.

Durante este periodo (entre 1882 y 1885), pasó algún tiempo en las salas del Hospital General de Viena, donde puso a punto sus habilidades como observador y neurólogo clínico. Su tremenda capacidad narrativa, la importancia que daba a disponer de un estudio clínico detallado, son evidentes en los ensayos clínico-patológicos que escribió en esa época: de un niño que murió de una hemorragia cerebral asociada al escorbuto, un aprendiz de panadero de dieciocho años con una neuritis aguda múltiple, y un hombre de treinta y seis años con una dolencia de la médula espinal muy poco frecuente –la siringomielia– que era incapaz de percibir el dolor y la temperatura, aunque no había perdido el sentido del tacto (una disociación causada por una destrucción muy localizada dentro de la médula espinal).

En 1886, después de haber pasado cuatro meses con el gran neurólogo Jean-Martin Charcot en París, Freud regresó a Viena para montar su propia consulta neurológica. No resulta muy fácil reconstruir –a partir de las cartas de Freud o de los numerosos estudios y biografías que se han escrito sobre él– cuál era su concepción de la «vida neurológica». Recibía a sus pacientes en su consulta del número 19 de la Berggasse, y hemos de suponer que eran muy variados, como los que podría recibir cualquier neurólogo de esta o de aquella época: algunos presentaban trastornos neurológicos habituales, como ictus, temblores, neuropatías, ataques epilépticos o migrañas; mientras que otros exhibían trastornos funcionales como las histerias, los estados obsesivo-compulsivos o diversos tipos de neurosis.

También trabajó en el Instituto de Enfermedades Infantiles, donde atendía un consultorio neurológico varias veces por semana. (Esa experiencia clínica fue lo que le impulsó a escribir los libros que le harían famoso entre sus contemporáneos: sus tres monografías sobre la parálisis cerebral infantil. Esos trabajos fueron enormemente respetados entre los neurólogos de su época, y hoy en día todavía, de vez en cuando, se hace referencia a ellos.)

Mientras proseguía con su práctica neurológica, la curiosidad de Freud, su imaginación, su capacidad de teorización, iban en aumento, y exigían tareas y retos intelectuales más complejos. Sus primeras investigaciones neurológicas, durante los años que estuvo en el Hospital General de Viena, habían sido bastante convencionales, pero luego, mientras reflexionaba sobre la cuestión mucho más compleja de las afasias, se convenció de que hacía falta una visión del cerebro distinta. Estaba gestando una visión más dinámica del cerebro.

Sería muy interesante saber exactamente cómo y cuándo descubrió Freud la obra del neurólogo inglés Hughlings Jackson, el cual, de manera muy discreta, terca y persistente, estaba desarrollando una visión evolutiva del sistema nervioso, imperturbable ante el frenesí localizacionista que le rodeaba. Jackson, veinte años mayor que Freud, había adoptado una visión evolucionista de la naturaleza tras la publicación de *El origen de las especies* de Darwin, y también gracias a la filosofía evolutiva de Herbert Spencer. A principios de la década de 1870, Jackson propuso una visión jerárquica del sistema nervioso, imaginando cómo podría haber evolucionado desde los reflejos más primitivos hasta la conciencia y la acción voluntaria, pasando por una serie de niveles cada vez más superiores. Jackson reflexionó que en el caso de la enfermedad esta secuencia se invertía, y tenía lugar una desevolución, disolución o regresión, lo que «liberaba» una serie de funciones primitivas que normalmente quedaban bajo el control de las funciones superiores.

Aunque las ideas de Jackson habían surgido a propósito de ciertos ataques epilépticos (todavía nos referimos a ellos como ataques «jacksonianos»), luego las aplicó a diversas enfermedades neurológicas, y también a los sueños, los delirios y demencias, y en 1879 las aplicó al problema de la afasia, que durante mucho tiempo había fascinado a los neurólogos interesados en la función cognitiva superior.

Freud, en su propia monografía de 1891, *La afasia,* una docena de años más tarde, reconoció reiteradamente su deuda con Jackson. Consideró con gran detalle muchos de los fenómenos especiales que podían observarse en las afasias: la pérdida de lenguas adquiridas al tiempo que se conservaba la lengua materna, la preservación de las palabras y asociaciones más comúnmente utilizadas, la retención de series de palabras (los días de la semana, por ejemplo) en lugar de palabras individuales, las paráfrasis o sustituciones verbales que a veces ocurrían. Por encima de todo, le intrigaban las expresiones estereotipadas y aparentemente sin sentido que en ocasiones constituyen el único residuo del habla, y que podían ser, tal como observó Jackson, lo último que había dicho el paciente antes de su ataque. Para Freud, y también para Jackson, esto representaba una «fijación» traumática (y posteriormente la repetición ineludible) de una proposición o idea, un concepto que asumiría una importancia crucial en su teoría de las neurosis.

Además, Freud observó que muchos síntomas de la afasia podían estar más relacionados con la psicología que con la fisiología. Los errores verbales de las afasias podían surgir de asociaciones verbales, con palabras de sonido o significado similar, que solían reemplazar la palabra correcta. Pero a veces la sustitución era de naturaleza más compleja, no comprensible como un homófono o un sinónimo, sino que surgía de alguna asociación especial que se había forjado en el pasado del individuo. (Aquí se insinuaban las ideas posteriores de Freud, tal como se expresan en *Psicopatología de la vida cotidiana,* sobre las parafasias y parapraxis como algo interpretable, algo histórica y personalmente significativo.) Freud recalcó la necesidad de analizar la naturaleza de las palabras y sus asociaciones (formales o personales) con los universos del lenguaje y la psicología, con el universo del significado, si realmente queríamos comprender las parafasias.

Estaba convencido de que las manifestaciones complejas de la afasia eran incompatibles con ninguna noción simplista de las imágenes de las palabras alojadas en las células de un «centro», tal como escribió en *La afasia:*

Se ha postulado la teoría de que el aparato fonador está formado por centros corticales diferenciados; de que sus células supuestamente contienen las imágenes de las palabras (los conceptos o las impresiones de las palabras); se dice que estos centros están separados por territorios corticales carentes de función y unidos entre sí por tractos de asociación. En primer lugar, podríamos preguntarnos si esta suposición es correcta, e incluso aceptable. Yo no creo que lo sea.

Freud escribió que, en lugar de en centros –depósitos estáticos de palabras o imágenes–, deberíamos pensar en «campos corticales», extensas áreas de la corteza con funciones variadas, algunas de facilitación y otras de inhibición mutua. Afirmó que no se podía comprender el fenómeno de la afasia a no ser que se la considerara en términos dinámicos y jacksonianos. Dichos sistemas, empero, no estaban todos al mismo «nivel». Hughlings Jackson había sugerido una organización verticalmente estructurada del cerebro, con repetidas representaciones o encarnaciones de cada función en muchos niveles jerárquicos: así, cuando el habla proposicional de nivel superior se vuelve imposible, podían darse las «regresiones» características de la afasia, la aparición (a veces explosiva) de un habla primitiva y emocional. Freud fue uno de los primeros en introducir en la neurología la idea jacksoniana de la regresión, y también la importó a la psiquiatría; de hecho, uno tiene una impresión de que el uso que hace Freud del concepto de la regresión en *La afasia* prepara el terreno para el uso mucho más amplio y destacado del mismo concepto en la psiquiatría. (No puedo dejar de preguntarme qué habría pensado Hughlings Jackson de la vasta y sorprendente expansión de su idea, y aunque vivió hasta 1911, no sabemos si llegó a oír hablar de Freud.)[1]

Freud fue más allá de Jackson al insinuar que en el cerebro no existían centros o funciones autónomos y aislables, sino más bien *sistemas* que alcanzan metas cognitivas, sistemas que tenían muchos componentes y que se podían crear o modificar enormemente mediante las experiencias del individuo. Teniendo en cuenta, por ejemplo, que nadie nace sabiendo leer y escribir, consideró que no era útil imaginar un «centro» para la escritura (tal como había postulado su amigo y antiguo colega Sigmund Exner); más bien deberíamos pensar en un sistema o sistemas construidos en el cerebro como resultado del aprendizaje (anticipándose de manera sorprendente a la idea de «sistemas funcionales» desarrollada por A. R. Luria, el fundador de la neurofisiología, cincuenta años después).

1. Si un silencio extraño o ceguera acompañó la obra de Hughlings Jackson (sus *Obras escogidas* no se publicaron en forma de libro hasta 1931-1932), el libro de Freud sobre la afasia se recibió con un desinterés semejante. Más o menos ignorado durante su publicación, *La afasia* fue un libro prácticamente desconocido e imposible de encontrar durante muchos años –ni siquiera la gran monografía de Henry Head sobre la afasia, publicada en 1926, hace referencia a él–, y no se tradujo al inglés hasta 1953. El propio Freud se refería a *La afasia* como «un respetable fracaso», y lo contrastaba con la recepción de su obra más convencional sobre las parálisis cerebrales en la primera infancia: «Hay algo cómico en la incongruencia entre la propia valoración de tu obra y la de los demás. Fijémonos en mi libro sobre las diplejias, que redacté casi con indiferencia, con un mínimo de interés y esfuerzo. Ha sido un gran éxito. [...] Pero cuando se trata de cosas realmente buenas, como la "Afasia", las "Ideas Obsesivas", que amenazan con aparecer en breve, así como la inminente etiología y teoría de las neurosis, no espero más que un respetable fracaso.»

En *La afasia,* además de estas consideraciones empíricas y evolutivas, Freud hizo enorme hincapié en las consideraciones epistemológicas: la confusión de categorías, tal como él lo veía, la promiscua confusión entre lo físico y lo mental:

> La relación entre la cadena de sucesos fisiológicos del sistema nervioso y los procesos mentales probablemente no sea de causa y efecto. Los primeros no cesan cuando los últimos se activan [...], sino que a partir de cierto momento un fenómeno mental se corresponde con cada parte de la cadena, o con diversas partes. Lo psíquico es, por tanto, un proceso paralelo a lo fisiológico, un «concomitante dependiente».

Con sus palabras, Freud compartía y ampliaba las ideas de Jackson. «No me preocupa la manera en que están conectadas la mente y la materia», había escrito Jackson. «Basta con asumir que existe un paralelismo.» Los procesos psicológicos cuentan con sus propias leyes, principios, autonomías, coherencias, que deben examinarse de manera independiente, sin atender los procesos fisiológicos que se dan en paralelo. La epistemología del paralelismo o concomitancia de Jackson le proporcionó a Freud una enorme libertad para prestar atención a los fenómenos con un detalle sin precedentes, para teorizar, para buscar una comprensión puramente psicológica sin ninguna necesidad prematura de correlacionarlos con procesos fisiológicos (aunque nunca dudó que dichos procesos concomitantes debían existir).

A medida que evolucionaban las ideas de Freud acerca de la afasia, y dejaba de considerar la existencia de un centro o lesión para pasar a una visión más dinámica del cerebro, sus ideas sobre la histeria seguían un movimiento análogo.

Charcot estaba convencido (y al principio había convencido a Freud) de que aunque no se podía demostrar ninguna lesión anatómica en los pacientes con parálisis *histéricas,* debía de existir algún tipo de «lesión psicológica» (un *état dynamique)* localizada en la misma zona del cerebro en la que, en una parálisis reconocida como *neurológica,* encontraríamos una lesión anatómica (un *état statique).* Así pues, según Charcot las parálisis histéricas eran fisiológicamente idénticas a las orgánicas, y la histeria se podía considerar, esencialmente, un problema neurológico, una reactividad especial peculiar en ciertos individuos patológicamente sensibles, o «neurópatas».

A Freud, todavía saturado de ideas anatómicas y neurológicas, y en gran medida bajo el hechizo de Charcot, esto le parecía completamente aceptable. Le resultaba en extremo difícil «desneurologizar» su pensamiento, incluso en esa nueva esfera donde había tantas cosas misteriosas. Pero al cabo de un año ya no estaba tan seguro. Toda la profesión neurológica disentía sobre la cuestión de si la hipnosis era física o mental. En 1889, Freud fue a visitar a un contemporáneo de Charcot, Hippolyte Bernheim, a Nancy. Bernheim había propuesto un origen psicológico para la hipnosis, y creía que sus resultados se podían explicar tan solo en términos de ideas o sugestión, cosa que al aparecer influyó profundamente en Freud. Había comenzado a alejarse de la idea de Charcot de una lesión localizada (aunque fisiológica) en el caso de la parálisis histérica para abrazar una concepción más vaga pero más compleja de cambios fisiológicos distribuidos entre diferentes partes del sistema nervioso, una concepción que iba en paralelo a las intuiciones que aparecían en *La afasia.*

Charcot le había sugerido a Freud que intentara aclarar la polémica llevando a cabo un examen comparativo de parálisis orgánicas e histéricas.[1] Era algo para lo que Freud estaba perfectamente preparado, pues cuando regresó a Viena y comenzó su práctica privada, le visitaron algunos pacientes con parálisis histéricas y, por supuesto, muchos pacientes con parálisis orgánicas. También estaba capacitado para intentar aclarar los mecanismos por sí mismo.

En 1893 rompió completamente con cualquier explicación orgánica de la histeria:

> En el caso de las parálisis histéricas, la lesión debe de ser completamente independiente del sistema nervioso, puesto que en sus parálisis y otras manifestaciones la histeria se comporta como si la anatomía no existiera o como si no supiera nada de ella.

El periodo en que (en cierto sentido) Freud renunció a la neurología y a la idea de que los estados psiquiátricos poseían una base neurológica o fisiológica, y se dedicó a estu-

1. Le sugirió el mismo problema a Joseph Babinski, otro joven neurólogo que asistía en el consultorio de Charcot (y que posteriormente se convertiría en uno de los neurólogos más famosos de Francia). Aunque Babinski estaba de acuerdo con Freud en la distinción entre parálisis orgánicas e histéricas, posteriormente, al examinar a los soldados heridos en la Primera Guerra Mundial, pasó a considerar que existe «una tercera esfera»: las parálisis, las anestesias y otros problemas neurológicos que no obedecen ni a lesiones anatómicas localizadas ni a «ideas», sino a amplios «campos» de inhibiciones sinápticas en la médula espinal y otras zonas. Babinski se refería en este caso a un «syndrome phisiopathique». Dicho síndrome, que podría ser consecuencia de un importante trauma físico o una operación quirúrgica, ha desconcertado a los neurólogos desde que Silas Weir Mitchell lo describió por primera vez en la Guerra de Secesión, pues puede llegar a incapacitar áreas difusas del cuerpo que no poseen ni inervación específica ni importancia efectiva.

diar esos estados exclusivamente en sus propios términos fue un momento de paso, de tránsito. Todavía llevaría a cabo un último intento enormemente teórico de trazar la base neural de los estados mentales en su *Proyecto para una psicología científica,* y nunca renunció a la idea de que, en última instancia, todos los estados y teorías psicológicas debían de tener un «fundamento» biológico. Pero, a efectos prácticos, se dijo que podía y debía dejarlos de lado durante un tiempo.

Aunque a finales de la década de 1880 y durante la de 1890 Freud se dedicó cada vez más a su labor psiquiátrica, siguió escribiendo esporádicos ensayos más breves sobre su labor neurológica. En 1888 publicó la primera descripción de la hemianopsia en los niños, y en 1895 un ensayo sobre una inusual neuropatía de compresión (meralgia parestésica), una dolencia que él mismo había sufrido y que había observado en diversos pacientes bajo su cuidado. Freud también padecía la migraña clásica, y en su consulta neurológica atendía a muchos pacientes que la padecían. Parece ser que incluso se planteó escribir un breve libro sobre el tema, pero al final se limitó a un resumen de diez «Puntos contrastados» que envió a su amigo Wilhelm Fliess en abril de 1895. En este resumen encontramos un contundente tono fisiológico y cuantitativo, «una economía de la fuerza nerviosa» que ya apuntaba a la extraordinaria proliferación de pensamiento y escritura que iba a ocurrir ese mismo año.

Resulta curioso y enigmático que incluso en el caso de figuras como Freud, que tanto publicó, sus ideas más sugerentes y clarividentes aparezcan tan solo en sus cartas y diarios privados. Por lo que se refiere a esas ideas, en la vida de Freud no encontramos ningún periodo más productivo que el de mediados de la década de 1890, cuando tan solo compartía con Fliess las ideas que incubaba. A finales de 1895, Freud se embarcó en un ambicioso intento de unificar todas sus observaciones e intuiciones psicológicas para fundamentarlas en una fisiología plausible. En estos momentos, sus cartas a Fliess están llenas de euforia, son casi extáticas:

> Una noche de la semana pasada en la que trabajaba muy concentrado [...] las barreras de repente se levantaron, se descorrió el velo y comprendí de manera diáfana desde los detalles de las neurosis hasta los estados que hacen posible la conciencia. Todo parecía relacionado, todo el conjunto funcionaba perfectamente, y tuve la impresión de que la cosa era realmente una máquina y que pronto funcionaría sola. [...] Naturalmente, no quepo en mí de satisfacción.

Pero esta visión en la que todo parecía conectado, la visión de un modelo completo y operativo del cerebro, que se le presentó a Freud con una lucidez casi reveladora, no es fácil de comprender ahora (y de hecho el propio Freud escribió, solo unos meses más tarde: «Ya no entiendo el estado de ánimo en el que elaboré la "Psicología"»).[1]

Se ha comentado mucho ese *Proyecto para una psicología científica,* como se le llama ahora (el título provisional de Freud había sido: «Psicología para neurólogos»). El *Proyecto* resulta muy arduo de leer, en parte por la dificultad intrínseca y la originalidad de muchos de sus conceptos; y en

1. Freud nunca le reclamó el manuscrito a Fliess, y se creyó perdido hasta la década de 1950, cuando por fin se encontró y se publicó, aunque lo que se encontró fuera solo un fragmento de los muchos borradores que Freud escribió a finales de 1895.

parte porque Freud utiliza términos anticuados y a veces idiosincrásicos que tenemos que traducir a otros más familiares; en parte porque se escribió a gran velocidad en una especie de taquigrafía; y quizá porque nunca pretendió que lo leyera nadie más que él.

Y sin embargo el *Proyecto* unifica, o intenta unificar, los dominios de la memoria, la atención, la conciencia, la percepción, los deseos, los sueños, la sexualidad, los mecanismos de defensa, la represión, los procesos mentales primario y secundario (tal como él los llamaba) en una sola imagen coherente de la mente, y fundamentar todos estos procesos en un marco fisiológico básico constituido por diferentes sistemas de neuronas, sus interacciones y «barreras de contacto» modificables, y estados libres y dependientes de excitación neuronal.

Aunque el lenguaje del *Proyecto* es inevitablemente el de la década de 1890, algunas de sus nociones conservan (o han asumido) una sorprendente relevancia para muchas ideas actuales en el campo de la neurociencia, y por ello las han reexaminado, entre otros, Karl Pribram y Merton Gill. Pribram y Gill, de hecho, llaman al *Proyecto* «una piedra de Rosetta» para todos aquellos que desean establecer una conexión entre la neurología y la psicología. Muchas de las ideas que Freud avanzó en el *Proyecto,* además, se pueden estudiar ahora experimentalmente de una manera que resultaba imposible en la época en que se formularon.

Desde el principio hasta el final de su carrera, Freud se ocupó de la naturaleza de la memoria. La afasia era una especie de olvido, y él había observado en sus notas que uno de los primeros síntomas de la migraña a menudo era que se olvidaban los nombres de las cosas. Consideraba que en la histeria se daba una patología de la memoria («Los histéricos sufren sobre todo reminiscencias»), y en el *Proyecto* intentó explicar la base fisiológica de la memoria a muchos niveles. Postuló que uno de los requisitos fisiológicos de la memoria era un sistema de «barreras de contacto» entre ciertas neuronas, lo que él denominó sistema psi (una década antes de que Sherrington las bautizara como sinapsis). Las barreras de contacto de Freud eran capaces de una facilitación o inhibición selectiva, que permitía cambios neuronales permanentes que se correspondían con la adquisición de nueva información y nuevos recuerdos, una teoría del aprendizaje básicamente parecida a la que Donald Hebb propondría en la década de 1940 y que ahora posee el respaldo de algunos descubrimientos experimentales.

A un nivel superior, Freud consideraba la memoria y la motivación algo inseparable. Los recuerdos no podían tener fuerza ni significado a no ser que fueran unidos a la motivación. Los dos habían ido siempre aparejados, y en el *Proyecto,* tal como recalcan Pribram y Gill, «tanto la memoria como la motivación son procesos psi basados en la facilitación selectiva [...] [mientras que] los recuerdos [son] el aspecto retrospectivo de esta facilitación; las motivaciones los aspectos prospectivos».[1]

Así pues, recordar, para Freud, aunque requería rastros neuronales locales (del tipo que ahora denominamos po-

1. Freud señaló que el hecho de que memoria y motivación sean inseparables abría la posibilidad de comprender ciertas *ilusiones* de la memoria basadas en la intencionalidad: la ilusión de que uno ha escrito a una persona, por ejemplo, cuando no lo ha hecho pero pretendía hacerlo, o que ha abierto el grifo de la bañera cuando simplemente tenía intención de hacerlo. Son ilusiones que no albergamos a no ser que haya existido una intención precedente.

tenciación a largo plazo), iba mucho más allá de ellos, y era esencialmente un proceso dinámico de transformación y reorganización que duraba toda la vida. Nada era tan importante para la formación de la identidad como el poder de la memoria; nada garantizaba más nuestra continuidad como individuos. Pero los recuerdos cambian, y nadie era más sensible que Freud al potencial reconstructivo de la memoria, al hecho de que los recuerdos se reelaboran y revisan continuamente, y que su esencia, de hecho, es la recategorización.

Arnold Modell ha adoptado esta idea en lo referente al potencial terapéutico del psicoanálisis y también, de manera más general, con respecto a la formación de un yo privado. Cita una carta que Freud le escribió a Fliess en diciembre de 1896, en la que utilizaba el término *Nachträglichkeit*, que Modell considera más exacto traducir como «retranscripción».

«Como sabes», escribió Freud,

> trabajo bajo el supuesto de que nuestro mecanismo psíquico ha cobrado existencia mediante un proceso de estratificación, y de que el material presente en forma de rastros de la memoria se ve periódicamente sujeto a una *reordenación* acorde con las nuevas circunstancias: una *retranscripción* [...]. El recuerdo no está presente una vez, sino varias [...] a lo largo de los sucesivos registros que representan el desempeño psíquico de sucesivas épocas de la vida [...]. Explico las peculiaridades de las psiconeurosis suponiendo que existe cierto material que no ha sido sometido a esta traducción.

El potencial para la terapia, para el cambio, reside en la capacidad de exhumar, en el momento presente, ese material «fijado» para que pueda ser sometido al proceso creativo de retranscripción, y permitir que el sujeto estancado pueda crecer y cambiar una vez más.

Dichas remodelaciones, según Modell, no son solo cruciales en el proceso terapéutico, sino que constituyen una parte constante de la vida humana tanto para la «actualización» cotidiana (una actualización que la gente que padece amnesia no puede llevar a cabo) como para las importantes (y a veces catastróficas) transformaciones, la «reevaluación de todos los valores» (como diría Nietzsche) necesaria para la evolución del yo singular y privado.

Que la memoria se construye y se reconstruye sin cesar fue una conclusión fundamental de los estudios experimentales llevados a cabo por Frederic Bartlett en la década de 1930. En dichos estudios Bartlett demostró muy claramente (y a veces de manera muy entretenida) cómo al volver a relatar una historia –a los demás o a sí misma–, la memoria cambia continuamente. En opinión de Bartlett, en la memoria nunca ha existido una reproducción mecánica simple; ha sido siempre una reconstrucción individual e imaginativa:

> Recordar no consiste tan solo en la reexcitación de innumerables rastros fijos, fragmentarios y sin vida. Se trata de una reconstrucción, o construcción, imaginativa, elaborada a partir de las relaciones de nuestra actitud hacia toda una masa activa de reacciones y experiencias pasadas y organizadas, y con detalles un tanto destacados que normalmente aparecen en forma de imagen o lingüística. Así, casi nunca es algo realmente exacto, ni siquiera en los casos más rudimentarios de recapitulación mecánica, y tampoco tiene ninguna importancia que no lo sea.

Desde el último tercio del siglo XX, todo el desarrollo de la neurología y la neurociencia se ha encaminado hacia una visión dinámica y construccional del cerebro, la idea de que, incluso en sus niveles más elementales –como por ejemplo en el «relleno» de un punto ciego o escotoma, o al experimentar una ilusión visual, como han demostrado Richard Gregory y V. S. Ramachandran–, el cerebro construye una hipótesis, un patrón o una escena plausibles. En su teoría de la selección de grupos neuronales, Gerald Edelman –basándose en los datos de la neuroanatomía y neurofisiología, de la embriología y la biología evolutiva, del trabajo clínico experimental y del modelado neuronal sintético– propone un detallado modelo neurobiológico de la mente en el que el papel central del cerebro es precisamente la construcción de categorías –primero perceptivas, luego conceptuales– y de un proceso ascendente, una «renovación», en el que, a través de repetidas recategorizaciones a niveles cada vez más superiores, se alcanza por fin la conciencia. Así, para Edelman cada percepción es creación, y cada recuerdo una recreación o recategorización.

Dichas categorías, según él, se basan en los «valores» del organismo, esos prejuicios o inclinaciones (en parte innatos y en parte aprendidos) que Freud caracterizaba como «pulsiones», «instintos» y «afectos». La sintonía entre las ideas de Freud y las de Edelman es sorprendente; en este caso, al menos, uno tiene la sensación de que el psicoanálisis y la neurobiología se pueden sentir cómodos uno con otro, congruentes, y ayudarse mutuamente. Y podría ser que en esta ecuación que hace equivaler *Nachträglichkeit* a «recategorización» consigamos atisbar cómo dos universos aparentemente dispares –los universos del significado humano y de la ciencia natural– pueden llegar a confluir.

LA FALIBILIDAD DE LA MEMORIA

En 1993, cuando me acercaba a mi sesenta cumpleaños, comencé a experimentar un curioso fenómeno: la aparición espontánea e involuntaria de algunos de mis primeros recuerdos, que habían permanecido aletargados durante más de cincuenta años. No solo recuerdos sino estados de ánimo, pensamientos, ambientes y pasiones relacionados con ellos; recuerdos, sobre todo, de mi infancia en Londres antes de la Segunda Guerra Mundial. Azuzado por estos recuerdos, escribí dos breves textos autobiográficos: uno sobre los grandes museos científicos de South Kensington, que en mi infancia habían sido mucho más importantes para mí que la escuela; y otro acerca de Humphry Davy, un químico de principios del siglo XIX que en aquellos remotos días había sido para mí un héroe, y cuyos experimentos tan gráficamente descritos me entusiasmaron y me inspiraron a emularlos. Estos breves textos estimularon, en lugar de saciarlo, un impulso biográfico más general, y a finales de 1997 emprendí un proyecto de tres años en el que desenterré y recuperé recuerdos, los reconstruí y los pulí en busca de unidad y sentido, y finalmente se convirtieron en mi libro *El tío Tungsteno.*

Había previsto algunas deficiencias de la memoria, en parte porque los acontecimientos sobre los que estaba escribiendo habían ocurrido hacía cincuenta años o más y casi todos los que podían haber compartido aquellos recuerdos, o verificado mis datos, ya habían muerto. Y en parte porque, al escribir sobre los primeros años de mi vida, no podía acudir a las cartas y diarios que comencé a llevar cuando tenía más o menos dieciocho años.

Acepté que debía de haber olvidado o perdido muchas cosas, pero supuse que los recuerdos que tenía –sobre todo aquellos que eran muy vivos, concretos y circunstanciales– eran esencialmente válidos y fiables, y me quedé de piedra al descubrir que algunos no lo eran.

Un ejemplo sorprendente, el primero que observé, ocurrió en relación con los dos bombardeos que describí en *El tío Tungsteno,* ambos ocurridos en el invierno de 1940-1941, cuando Londres fue sometido a repetidos ataques aéreos:

> Una noche, una bomba de quinientos kilos cayó en el jardín vecino al nuestro, pero, por suerte, no explotó. Creo que toda la calle durmió fuera de casa aquella noche (nosotros fuimos al piso de una prima), y muchos salimos en pijama, pisando lo más suavemente que podíamos (¿la vibración de nuestras pisadas podría hacer estallar la bomba?). Las calles estaban negras como boca de lobo, pues estaba en vigor el *blackout* –la ciudad estaba a oscuras por culpa de los bombardeos–, y todos llevábamos linternas eléctricas con la luz amortiguada con papel de seda rojo. No teníamos ni idea de si las casas seguirían en pie por la mañana.
>
> En otra ocasión, una bomba incendiaria, una bomba termita, cayó detrás de nuestra casa y ardió con un terrible calor. Mi padre tenía una bomba de agua manual, y mis

hermanos le llevaban cubos de agua, pero el agua no parecía servir de nada contra aquel fuego infernal; de hecho, parecía arder con más furia. Cuando el agua golpeaba aquel metal al rojo se producía un tremendo y sibilante petardeo, y mientras tanto la bomba iba derritiendo su envoltura y arrojando chorros y fragmentos de metal fundido en todas direcciones.

Unos meses después de la publicación del libro, hablé de estos incidentes con mi hermano Michael. Michael era cinco años mayor que yo y había estado conmigo en Braefield, el internado al que habíamos sido evacuados al principio de la guerra (y en el que yo pasaría cinco desgraciados años, sometido al acoso de algunos compañeros de clase y de un sádico director). Mi hermano de inmediato confirmó el incidente de la primera bomba, diciendo: «Lo recuerdo exactamente como tú lo has descrito.» Pero con relación al segundo episodio dijo: «Tú no lo viste. No estabas.»

Me quedé atónito ante las palabras de Michael. ¿Cómo podía cuestionarme ese recuerdo que ante un tribunal habría jurado haber tenido y del que nunca había dudado?

«¿A qué te refieres?», objeté. «Lo tengo perfectamente presente en mi imaginación, papá con la bomba, y Marcus y David con sus cubos de agua. ¿Cómo podría verlo tan claramente si no estuve allí?»

«No lo viste», repitió Michael. «En aquella época tú y yo estábamos en Braefield. Pero David [nuestro hermano mayor] nos escribió una carta contándonoslo. Una carta muy gráfica y dramática. Tú te quedaste fascinado.»

Estaba claro que no solo me había quedado fascinado, sino que había construido la escena en mi imaginación a partir de las palabras de David, y posteriormente me la había apropiado considerándola un recuerdo propio.

Después de las palabras de Michael, intenté comparar los dos recuerdos: el primario, en el que no se ponía en duda el sello directo de la experiencia, con el construido, el secundario. En el caso del primer incidente, podía sentirme en el cuerpo del niño que era, temblando enfundado en un fino pijama –era diciembre y yo estaba aterrado–, y como era más bajo que los adultos que me rodeaban, tenía que alargar el cuello para verles la cara.

La segunda imagen, la de la bomba térmica, me parecía igualmente clara: muy viva, detallada y concreta. Intenté convencerme de que poseía una cualidad distinta de la primera, que mostraba indicios de su apropiación de la experiencia de otra persona y su traducción de la descripción verbal a la imagen. Pero aunque intelectualmente sabía que ese recuerdo era falso, seguía pareciéndome tan real, tan intensamente propio como antes.[1] Me pregunté si se había vuelto tan real, tan personal, tan intensamente incrustado en mi psique (y es de suponer que en mi sistema nervioso) como si fuera un auténtico recuerdo primario. ¿Sería capaz de descubrir la diferencia el psicoanálisis, o, mejor aún, la producción de imágenes cerebrales?

Mi falsa experiencia de la bomba era muy parecida a la verdadera, y podría haber sido fácilmente la mía propia de haber estado en casa en aquella época. Podía imaginarme cada detalle del jardín que tan bien conocía. De no haber sido ese el caso, quizá la descripción de la carta de mi her-

1. Pensándolo mejor, me sorprende el modo en que fui capaz de visualizar la escena del jardín desde ángulos distintos, mientras que la escena callejera siempre es «vista» a través de los ojos del asustado niño de siete años que era en 1940.

mano no me habría afectado tanto. Pero como podía imaginarme fácilmente allí, y las sensaciones que acompañaban a eso, asumí esa experiencia como propia.

Hasta cierto punto, todos nosotros transferimos experiencias, y a veces no estamos seguros de si una experiencia es algo que nos han contado o hemos leído, o incluso hemos soñado, o algo que nos ha sucedido de verdad. Es algo que suele ocurrir sobre todo en los así llamados primeros recuerdos.

Poseo un vivo recuerdo de tirarle de la cola a nuestro chow chow, Peter, cuando yo tenía dos años, mientras él roía un hueso bajo la mesa de la sala, o de Peter dando un salto y mordiéndome la mejilla, y de que me llevaron entre chillidos al consultorio que tenía mi padre en casa, donde me pusieron un par de puntos en la mejilla. Al menos aquí hay una realidad objetiva: Peter me mordió en la mejilla cuando tenía dos años y todavía llevo la cicatriz. Pero ¿lo recuerdo de verdad, o me lo contaron y posteriormente construí un «recuerdo» que, mediante la repetición, se me fue fijando en la memoria? El recuerdo me parece intensamente real, y el miedo que lleva asociado sin duda es real, pues después del incidente comencé a tener miedo de los animales grandes –cuando yo tenía dos años, Peter era casi tan grande como yo–, miedo a que de repente me atacaran o me mordieran.

Daniel Schacter ha escrito profusamente sobre las distorsiones de la memoria y las confusiones que generan sus fuentes, y en su libro *En busca de la memoria* relata una conocida historia sobre Ronald Reagan:

> En la campaña presidencial de 1980, Ronald Reagan relató de manera reiterada una conmovedora historia de un piloto de bombardero que durante la Segunda Guerra Mundial ordenó a su tripulación lanzarse en paracaídas

después de que el fuego enemigo hubiera impactado en el avión. El joven artillero de la torreta había sufrido una herida tan grave que fue incapaz de evacuar el bombardero. Reagan apenas era capaz de contener las lágrimas mientras pronunciaba la heroica respuesta del piloto: «No te preocupes. Bajaremos juntos.» La prensa pronto se dio cuenta de que esa historia era casi un duplicado exacto de la escena de una película de 1944: *A Wing and a Prayer*. Al parecer, Reagan había retenido los hechos pero se había olvidado de su fuente.

En aquella época Reagan era un vigoroso hombre de sesenta y nueve años que acabaría siendo presidente durante ocho años, y solo ya cumplidos los ochenta desarrolló una inconfundible demencia. Pero había actuado y fingido toda su vida, y exhibía una vena de fantasía romántica e histrionismo. Reagan no simulaba emoción cuando narraba la historia –su historia, su realidad, tal como él la experimentaba–, y si lo hubieran sometido a la prueba del detector de mentiras (en aquella época todavía no se había inventado la producción de imágenes cerebrales funcionales), nada en sus reacciones habría revelado que se trataba de una falsedad consciente, pues él *creía* lo que estaba diciendo.

De todos modos, asusta pensar que nuestros recuerdos más preciados podrían no haber ocurrido nunca, o podrían haberle ocurrido a otro.

Sospecho que gran parte de mis entusiasmos e impulsos, que me parecen completamente propios, podrían haber surgido de las sugerencias de otras personas que me han influido poderosamente, ya sea de manera consciente o inconsciente, y que luego he olvidado.

De manera parecida, aunque a menudo doy conferencias sobre ciertos temas, nunca soy capaz de recordar, para bien o para mal, qué he dicho exactamente en anteriores ocasiones; ni tampoco soporto revisar mis notas anteriores (y a menudo ni siquiera las notas que he tomado para la charla una hora antes). Al perder la memoria consciente de lo que he dicho antes, descubro mis temas como si fuera por primera vez.

Estos olvidos a veces me llevan a plagiarme a mí mismo, y me descubro reproduciendo frases enteras como si fueran nuevas, lo cual a veces se combina con una mala memoria de verdad.

Al repasar mis viejos cuadernos de notas me doy cuenta de que muchos de los pensamientos bosquejados en ellos han permanecido olvidados durante años y que luego han sido revividos y reelaborados como nuevos. Sospecho que dichos olvidos le ocurren a todo el mundo, y que podrían resultar especialmente comunes en aquellos que escriben, pintan o componen, pues a lo mejor la creatividad exige dichos olvidos, a fin de que los recuerdos y las ideas puedan volver a nacer y verse en nuevos contextos y perspectivas.

El diccionario Webster describe «plagio» como «robar y hacer pasar como propias las ideas o palabras de otro; utilizarlas [...] sin acreditar la fuente [...] para cometer un robo literario; presentar como nuevo y original una idea o un producto derivado de una fuente existente». Se da un considerable solapamiento entre esta definición y la de criptomnesia, y la diferencia esencial es la siguiente: el plagio, tal como se entiende y se reprueba comúnmente, es consciente e intencionado, y la criptomnesia, no. Es posible que el término «criptomnesia» deba conocerse mejor, pues aunque es posible hablar de «plagio inconsciente», la propia palabra «plagio» lleva una carga moral tan grande, sugiere tanto la comisión de un delito y un engaño, que conserva su estigma ofensivo aun cuando sea inconsciente.

En 1970 George Harrison grabó una canción de enorme éxito, «My Sweet Lord», que resultó tener un gran parecido con una canción de Ronald Mack («He's So Fine»), grabada ocho años antes. Cuando el asunto llegó a juicio, el tribunal encontró a Harrison culpable de plagio, pero mostró una gran intuición psicológica y comprensión en su dictamen, pues el juez concluyó:

> ¿Utilizó Harrison de manera deliberada la música de «He's So Fine»? Yo no creo que lo hiciera de manera deliberada. Sin embargo [...] según la ley ha infringido el derecho de autor, y lo ha infringido igual aunque sea de manera subconsciente.

Helen Keller también fue acusada de plagio cuando tenía solo doce años.[1] Aunque era sorda y ciega desde muy pequeña, y de hecho careció de lenguaje hasta que conoció a Annie Sullivan a los seis años, Helen se convirtió en una prolífica escritora cuando aprendió el alfabeto manual y el braille. Entre otras cosas escribió un relato titulado «The Frost King», que le regaló a un amigo por su cumpleaños. Cuando el relato acabó publicándose en una revista, los lectores se dieron cuenta de que era muy parecido a «The Frost Fairies», un relato infantil de Margaret Canby. La admiración por Keller se transformó en condena, y fue acusada de plagio y falsedad deliberada, aun cuando no recor-

1. Este episodio lo relata Dorothy Herrmann de manera detallada y comprensiva en su biografía de Keller.

daba haber leído la historia de la señora Canby. (Posteriormente comprendió que le habían «leído» el relato mediante el alfabeto manual.) La joven Keller fue sometida a una implacable y terrible inquisición que la dejó marcada para el resto de su vida.

Pero tuvo también defensores, entre ellos Margaret Canby, la persona a la que había plagiado, que se quedó asombrada de que Keller hubiera sido capaz de recordar o reconstruir con tanto detalle una narración que le habían leído a través del alfabeto manual tres años antes. «¡Qué cabeza tan maravillosamente activa y retentiva debe de poseer esa niña llena de talento!», escribió Canby. Alexander Graham Bell también salió en su defensa, diciendo: «Nuestras composiciones más originales están hechas exclusivamente de expresiones derivadas de otras.»

La propia Keller afirmó posteriormente que dichas apropiaciones solían darse más a menudo cuando le leían con el alfabeto manual y recibía las palabras de manera pasiva. En esos casos, dijo, eres incapaz de identificar o recordar la fuente, y a veces ni siquiera si procedía de una fuente externa o no. Dicha confusión casi nunca se daba cuando leía de manera activa, utilizando el braille y moviendo los dedos por la página.

Mark Twain escribió en una carta a Keller:

> ¡Ah, querida, qué colosalmente graciosos y qué idiotas y grotescos estos sabihondos que han organizado esta farsa del «plagio»! ¡Como si los humanos pudieran decir algo, por escrito o de palabra, que no fuera un plagio! [...] Pues esencialmente todas las ideas son de segunda mano, consciente o inconscientemente extraídas de un millón de fuentes externas.

De hecho, el propio Twain había cometido un robo igual de inconsciente, como explicó en un discurso durante el setenta cumpleaños de Oliver Wendell Holmes:

> Oliver Wendell Holmes [fue] el primer gran literato al que le robé, y así es como acabé escribiéndole y él a mí. Cuando acababa de salir mi primer libro, un amigo mío me dijo: «La dedicatoria está muy bien.» Sí, me dije, pues creía lo mismo. Mi amigo añadió: «Siempre me ha gustado, incluso antes de verla en *Inocentes en el extranjero.*»
>
> Naturalmente dije:
>
> –¿A qué te refieres? ¿Dónde la has visto antes?
>
> –Bueno, la vi por primera vez hace algunos años como dedicatoria del doctor Holmes en su libro *Songs in Many Keys.*
>
> Naturalmente, mi primer impulso fue preparar los restos de ese hombre para su entierro, pero tras un momento de reflexión me dije que lo indultaría unos momentos para darle una oportunidad de probar su afirmación, si podía: entramos en una librería y me lo demostró. Yo había robado aquella dedicatoria, casi palabra por palabra. [...]
>
> Naturalmente, escribí al doctor Holmes y le dije que no había sido mi intención robar sus palabras, y él me contestó, de la manera más amable, que no pasaba nada y que nadie había salido perjudicado; y añadió que creía que todos, de manera inconsciente, elaborábamos ideas que habíamos leído o escuchado, imaginando que se nos habían ocurrido a nosotros.
>
> Dijo una gran verdad, y la dijo de manera tan agradable [...] que casi me alegré de haber cometido el delito, aunque solo fuera por la carta. Posteriormente le visité y le dije que dispusiera con toda libertad de cualquier idea

mía que le pudiera parecer un buen protoplasma para su poesía. Se dio cuenta de que yo no había tenido mala intención; así que desde el principio nos llevamos bien.

La cuestión de los plagios, paráfrasis, criptomnesias o préstamos de Coleridge han intrigado a los estudiosos y biógrafos durante casi dos siglos, y resulta de especial interés en vista de su prodigiosa memoria, su genio imaginativo y su compleja, multiforme y a veces atormentada identidad. Nadie lo ha descrito mejor que Richard Holmes en su biografía en dos volúmenes.

Coleridge era un lector voraz e insaciable, que parecía retener todo lo que leía. Se cuenta que cuando era estudiante leía *The Times* por encima, y que luego era capaz de reproducir literalmente todo el periódico, incluidos los anuncios. «Todo esto», escribe Holmes, «forma parte del don que poseía el joven Coleridge: una enorme capacidad de lectura, una memoria retentiva, talento como conversador a la hora de invocar y orquestar las ideas de los demás, y los instintos naturales de un conferenciante y un predicador a la hora de recoger material allí donde lo encontraba.»

Los préstamos literarios eran algo común en el siglo XVII; Shakespeare tomaba prestado con total libertad a muchos de sus contemporáneos, al igual que Milton. Los préstamos amistosos siguieron siendo algo común en el siglo XVIII, y Coleridge, Wordsworth y Southey se tomaban prestado el uno del otro, y a veces incluso, según Holmes, publicaban su obra con el nombre del otro.

Pero lo que era corriente, natural y puro juego en la juventud de Coleridge fue adquiriendo una forma más inquietante, sobre todo en relación con los filósofos alemanes (especialmente Friedrich Schelling), a quienes descubrió, veneró y tradujo al inglés. Hay páginas enteras de la *Biographia Literaria* de Coleridge que reproducen palabra por palabra pasajes de Schelling. Aunque este comportamiento indisimulado y dañino enseguida se clasificó (de manera productiva) como «cleptomanía literaria», lo que ocurrió en realidad es algo complejo y misterioso, que Holmes explora en el segundo volumen de su biografía, donde observa que los plagios más flagrantes de Coleridge tuvieron lugar en un devastador periodo de su vida, cuando había sido abandonado por Wordsworth, sufría una profunda ansiedad y dudas intelectuales que le impedían trabajar, y era más adicto al opio que nunca. En esa época, escribe Holmes, «sus autores alemanes le proporcionaron apoyo y consuelo: en una metáfora que a menudo utilizaba, se enroscó alrededor de ellos como la hiedra en el roble».

Anteriormente, tal como nos cuenta Holmes, Coleridge había mostrado una extraordinaria afinidad con el escritor alemán Jean Paul Richter, una afinidad que le impulsó a traducir las obras de Richter y posteriormente a saquearlas, elaborándolas a su manera, conversando y dialogando con Richter en sus cuadernos. A veces, las voces de ambos estaban tan entremezcladas que resultaba difícil distinguirlas.

En 1996 leí una reseña del estreno de una obra de teatro, *Molly Sweeney,* del eminente dramaturgo Brian Friel. Leí que su personaje principal, Molly, había nacido ciega pero había recuperado la vista en la edad mediana. Es capaz de ver con claridad después de la operación, y sin embargo no reconoce nada: padece agnosia visual porque su cerebro no ha aprendido a ver. Todo ello le parece aterrador y extrañísimo, y se queda aliviada cuando regresa a su estado original de ceguera. Aquello me dejó perplejo, pues yo había publicado un relato extraordinariamente parecido en *The New Yorker* apenas tres años antes.[1] De hecho, cuando leí la obra de Friel, me sorprendió descubrir, además, muchas frases y expresiones de ese historial médico. Cuando contacté con el dramaturgo para preguntarle, negó incluso conocer mi ensayo, aunque después de que le enviara una detallada comparación de los dos textos comprendió que debía de haber leído mi historia pero lo había olvidado. Estaba confundido: había leído muchas de las mismas fuentes originales que yo mencionaba en mi artículo, y creía que los temas y el lenguaje de *Molly Sweeney* eran enteramente originales. De alguna manera, concluyó, había asimilado de manera inconsciente gran parte de mi propio lenguaje creyendo que era el suyo. (Aceptó añadir a su obra unas palabras reconociéndolo.)

Freud estaba fascinado por los lapsus y errores de la memoria que tenían lugar en el curso de la vida cotidiana y cómo se relacionaban con la emoción, sobre todo con la emoción inconsciente. Pero también se vio obligado a considerar las distorsiones mucho más burdas de la memoria que exhibían algunos pacientes, sobre todo cuando le relataban que de niños habían sido seducidos o habían sufrido abusos sexuales. Al principio se tomaba estos relatos de manera literal, pero con el tiempo, cuando se topó con varios casos que parecían faltos de pruebas o de plausibilidad, comenzó a preguntarse si esos recuerdos habían sido distorsionados por la fantasía, y si, de hecho, podrían ser fabulaciones totales, construidas de manera inconsciente, pero

1. Este ensayo, «Ver y no ver», se publicó posteriormente en *Un antropólogo en Marte.*

convincentes hasta tal punto que los pacientes creyeran en ellas a pie juntillas. Las historias que relataban los pacientes, y que se contaban a sí mismos, aun cuando fueran falsas, podrían tener un efecto muy poderoso en sus vidas, y a Freud le parecía que su realidad psicológica podía ser la misma ya fueran una experiencia real o una fantasía.

En una autobiografía de 1995, Binjamin Wilkomirski contaba cómo, en su condición de judío polaco, había pasado varios años de su infancia sobreviviendo a los horrores y peligros de un campo de concentración. El libro fue aclamado como una obra maestra. Pocos años después se descubrió que Wilkomirski no había nacido en Polonia sino en Suiza, que no era judío y que tampoco había estado nunca en un campo de concentración. Todo el libro era pura invención. (Elena Lappin escribió en 1999 un ensayo sobre ello en *Granta.)*

Aunque hubo indignadas acusaciones de fraude, cuando se analizó el caso más detenidamente pareció que Wilkomirski no había pretendido engañar a sus lectores (y al principio tampoco había querido que se publicara el libro). Durante muchos años no había sido más que una empresa propia, básicamente la reinvención romántica de su propia infancia, al parecer como reacción al hecho de que su madre lo abandonara cuando tenía siete años.

Aparentemente, la intención primordial de Wilkomirski había sido engañarse a sí mismo, y al enfrentarse con la realidad histórica su reacción había sido de perplejidad y confusión. En ese punto ya estaba totalmente extraviado en su propia ficción.

Se presta demasiada atención a los así llamados recuerdos recuperados, recuerdos de experiencias tan traumáticas que se reprimen de manera defensiva y que luego, con la terapia, se liberan de la represión. Encontramos formas especialmente tenebrosas y fantásticas que incluyen descripciones de rituales satánicos acompañados a menudo de prácticas sexuales coercitivas. Dichas acusaciones han arruinado vidas y familias. Pero se ha demostrado que esas descripciones, al menos en algunos casos, son insinuadas o implantadas por otros. Esta frecuente combinación de un testigo influenciable (a menudo un niño) y una figura autoritaria (quizá un terapeuta, un maestro, un asistente social o un investigador) puede ser especialmente poderosa.

Desde la Inquisición y los juicios contra las brujas de Salem, pasando por los juicios soviéticos de la década de 1930 y Abu Ghraib, se han utilizado variedades de «interrogatorio extremo», o tortura física y mental sin disimulo para obtener «confesiones» religiosas o políticas. Aunque estos interrogatorios en principio se conciban para obtener información, sus intenciones más profundas podrían ser lavar el cerebro, provocar un auténtico cambio de opinión, para llenarlo con recuerdos implantados autoinculpatorios, algo en lo que podrían dar muy buenos resultados. (En este sentido, no hay parábola más relevante que *1984* de Orwell, donde al final Winston, sometido a una presión insoportable, acaba cediendo, traiciona a Julia, se traiciona a sí mismo y a sus ideales, traiciona sus recuerdos y su criterio y acaba adorando al Gran Hermano.)

Pero a lo mejor no hace falta una sugestión enorme o coercitiva para influir en los recuerdos de una persona. Todos sabemos que el testimonio de los testigos está sometido a la sugestión y al error, a menudo con funestos resultados para las personas que han sido erróneamente acusadas. Con las pruebas de ADN, ahora es posible obtener en muchos casos una corroboración o refutación objetiva de dichos testimonios, y Schacter ha observado que «un análisis reciente de cuarenta casos en los que la prueba de ADN estableció la inocencia de individuos injustamente encarcelados reveló que en treinta y seis de ellos (el noventa por ciento) los testigos se habían equivocado al identificarlos».[1]

Si las últimas décadas han sido testigos de un surgir o un resurgir de la memoria ambigua y los síndromes de identidad, también han conducido a una importante investigación –forense, teórica y experimental– sobre la maleabilidad de la memoria. Elizabeth Loftus, psicóloga investigadora de la memoria, ha documentado los inquietantes éxitos obtenidos a la hora de implantar falsos recuerdos simplemente sugiriéndole a un sujeto que ha vivido un suceso ficticio. Tales pseudosucesos, inventados por los psicólogos, pueden variar desde incidentes cómicos a otros levemente perturbadores (por ejemplo, que de niño te hubieras perdido en un centro comercial), y otros aún más graves (que uno hubiera sido víctima de un ataque animal o de una agresión por parte de otro niño). Tras el escepticismo inicial («Nunca me he perdido en un centro comercial») y una posterior vacilación, el sujeto puede acabar sintiendo una convicción tan profunda que seguirá insistiendo en la verdad del recuerdo implantado incluso después de que el experimentador confiese que, para empezar, no ocurrió nunca.

Lo que está claro en todos estos casos –ya sean abusos infantiles reales o imaginarios, recuerdos auténticos o implantados experimentalmente, testigos manipulados y pri-

1. La película de Hitchcock *Falso culpable* (la única de no ficción que rodó) documenta las aterradoras consecuencias de una identificación errónea basada en el testimonio de los testigos («guiar» al testigo, así como la existencia de un parecido accidental, desempeña aquí un papel importante).

sioneros a los que se ha lavado el cerebro, el plagio inconsciente y los falsos recuerdos que todos hemos atribuido erróneamente o hemos confundido su origen– es que, en ausencia de cualquier confirmación exterior, no existe una manera fácil de distinguir un recuerdo o una inspiración auténticos, sentidos como tales, de los que se toman prestados o se sugieren, entre lo que Donald Spence denomina la «verdad histórica» y la «verdad narrativa».

Aun cuando se descubra el mecanismo subyacente de un falso recuerdo, como me ocurrió a mí, con ayuda de mi hermano, en el incidente de la bomba incendiaria (o como haría Loftus al confesarles a sus sujetos que sus recuerdos eran algo implantado), puede que tal cosa no altere la sensación de una experiencia o «realidad» vivida que poseen tales recuerdos. Y no solo eso, sino que quizá las evidentes contradicciones o absurdos de ciertos recuerdos tampoco alteren nuestra convicción o creencia. Cuando la gente que afirma haber sido abducida por los alienígenas relata sus experiencias, no miente en la mayor parte de lo que dice, y tampoco son conscientes de haber inventado una historia, sino que realmente creen que ocurrió. (En *Alucinaciones* describo cómo las alucinaciones, ya sean causadas por la privación sensorial, el agotamiento o cualquier otra afección, pueden tomarse como algo real en parte porque siguen los mismos caminos sensoriales del cerebro que las percepciones «reales».)

En cuanto este relato o recuerdo se construye, acompañado de una viva imaginería sensorial y fuertes emociones, no existe una manera psicológica interior de distinguir lo verdadero de lo falso, ni tampoco una manera neurológica exterior. El correlato psicológico de dichos recuerdos se puede examinar utilizando la producción de imágenes cerebrales funcionales, y estas imágenes nos muestran que los vivos recuerdos producen una generalizada activación cerebral en la que participan áreas sensoriales, emocionales (límbicas) y ejecutivas (lóbulo frontal): un patrón que es prácticamente idéntico si el «recuerdo» se basa en la experiencia o no.

Al parecer, no existe ningún mecanismo en la mente ni en el cerebro que asegure la verdad, o al menos el carácter verídico, de nuestros recuerdos. No poseemos ningún acceso directo a la verdad histórica, y lo que nos parece cierto o afirmamos que lo es (tal como Helen Keller estaba en muy buena posición de observar) se basa tanto en nuestra imaginación como en nuestros sentidos. No existe manera alguna de transmitir o grabar en nuestro cerebro los sucesos del mundo; se experimentan y se construyen de una manera enormemente subjetiva que, para empezar, es diferente en cada individuo, y cada vez que se evoca un hecho se reinterpreta o se reexperimenta de manera diferente. Nuestra única verdad es la verdad narrativa, las historias que nos contamos unos a otros y a nosotros mismos: las historias que continuamente recategorizamos y refinamos. Dicha subjetividad se incorpora a la mismísima naturaleza de la memoria y es consecuencia del fundamento y mecanismos de nuestro cerebro. Lo asombroso es que las aberraciones exageradas son relativamente escasas, y en su mayor parte nuestros recuerdos son sólidos y fiables.

Nosotros, en cuanto seres humanos, acabamos teniendo recuerdos falibles, frágiles e imperfectos, pero que también poseen una gran flexibilidad y creatividad. La confusión sobre sus orígenes o la indiferencia hacia estos pueden resultar una fuerza paradójica: si pudiéramos identificar el origen de todo nuestro conocimiento, acabaríamos saturados de información a menudo irrelevante. La indiferencia hacia las fuentes nos permite asimilar lo que leemos, lo que nos cuentan, lo que los demás dicen y piensan, lo que escriben y pintan, con la misma riqueza e intensidad que si fueran experiencias primarias. Nos permite ver y oír con los ojos y oídos de los demás, entrar en mentes ajenas para asimilar el arte, la ciencia y la religión de toda la cultura, entrar y contribuir a la mente común, a la riqueza general del conocimiento. La memoria no surge solo de la experiencia, sino del intercambio de muchas mentes.

TRASOÍR

Hace unas semanas, cuando oí que mi amiga Kate me decía: «Voy a ensayar con el coro», me quedé sorprendido. En los treinta años que hace que nos conocemos nunca la había oído expresar el menor interés por cantar. Pero me dije: ¿quién sabe? Quizá es una faceta suya de la que no me ha hablado; quizá es algo que le interesa desde hace poco; quizá su hijo está en un coro; quizá...

Se me ocurrieron muchas hipótesis, pero ni por un momento se me ocurrió que lo había oído mal. Solo cuando volvió descubrí que había ido al *quiropráctico*.[1]

Unos días más tarde, Kate me dijo en broma: «Me voy a ensayar con el coro.» De nuevo me quedé desconcertado: ¿petardos? ¿Por qué me hablaba de petardos?

A medida que mi sordera aumenta, cada vez tiendo más a malinterpretar lo que dice la gente, aunque es un fenómeno bastante impredecible; puede ocurrir veinte veces o ninguna a lo largo del día. Lo anoto concienzudamente en un

1. En inglés la confusión es más comprensible: *choir practice* y *chiropractor* son fáciles de confundir. Lo mismo ocurre a continuación con *firecrackers,* aunque este caso ya no es tan flagrante. *(N. del T.)*

pequeño cuaderno rojo al que he bautizado como PARACUSIAS: alteraciones del oído, sobre todo cuando interpretas mal lo que oyes. En una página anoto (en rojo) lo que oigo, y en la opuesta (en verde) lo que se ha dicho realmente, y (en morado) la reacción de la gente ante mis lapsus auditivos, y las hipótesis a menudo descabelladas que se me ocurren en un intento de darle sentido a lo que a menudo básicamente no lo tiene.

Después de la publicación en 1901 de la *Psicopatología de la vida cotidiana* de Freud, dichos lapsus auditivos, junto con una serie de lapsus de lectura, del habla, de la conducta y los *lapsus linguae,* se consideraron «freudianos», expresión de sentimientos y conflictos profundamente reprimidos. Pero aunque a veces nos encontramos con lapsus auditivos impublicables que me hacen sonrojar, una gran mayoría no admite ninguna interpretación freudiana sencilla. En casi todos mis lapsus auditivos, no obstante, encontramos una semejanza de sonido, una estructura acústica parecida, que une lo que se dice y lo que se oye. Siempre se conserva la sintaxis, pero eso no ayuda; es probable que los lapsus auditivos le den la vuelta al sentido, lo llenen de formas sonoras fonológicamente similares pero absurdas o sin sentido, aun cuando se conserve la forma general de la frase.

La falta de un enunciado claro, la aparición de acentos insólitos o una mala transmisión pueden inducir a error a nuestras propias percepciones. La mayor parte de los lapsus auditivos sustituyen una palabra por otra, por absurda que sea o por mucho que esté fuera de contexto, aunque a veces el cerebro aporta algún neologismo. Cuando un amigo me dijo por teléfono que su hijo estaba enfermo, en lugar de «amigdalitis» oí «almidalitis», y me quedé perplejo. ¿Se trataba de un síndrome clínico insólito, una inflamación de la que nunca había oído hablar? No se me ocurrió que había inventado una palabra inexistente, y de hecho, una enfermedad que tampoco existía.

Cada lapsus auditivo es una invención nueva. El centésimo lapsus auditivo resulta tan fresco y sorprendente como el primero. Es extraño, pero con frecuencia tardo en darme cuenta de que he oído mal algo, y se me ocurren las ideas más complicadas para explicar el lapsus auditivo, cuando da la impresión de que debería identificarlos enseguida. Si un lapsus auditivo parece verosímil, entonces puedes pensar que has oído bien; solo cuando el lapsus auditivo es bastante imposible, o totalmente fuera de contexto, uno piensa: «Esto no puede ser», y (quizá con cierto azoro) le pides al que acaba de hablar que lo repita, como hago a menudo, o que incluso deletree palabras o frases que he oído mal.

Cuando Kate me dijo que iba a ensayar con el coro, lo acepté: existía la posibilidad de que fuera a ensayar con un coro. Pero cuando un amigo me dijo un día que «a una destacada sepia le habían diagnosticado ELA (esclerosis lateral amiotrófica)», tuve la sensación de que le había oído mal. Los cefalópodos poseen sistemas nerviosos elaborados, cierto, y quizá, reflexioné durante una fracción de segundo, existía la posibilidad de que una sepia padeciera ELA. Pero la idea de una sepia «destacada» era ridícula. (Resultó que hablaba de «un destacado publicista».)[1]

Aunque los lapsus auditivos podrían parecer de poco interés, quizá arrojen una luz inesperada sobre la naturaleza de la percepción, sobre todo la percepción del habla. Lo que resulta extraordinario, en primer lugar, es que se presenten en forma de frases y palabras claramente articuladas, no

1. En inglés, de nuevo, no es tan difícil confundir *a cuttlefish* con *a publicist*. *(N. del T.)*

como un sonido confuso. No es que uno deje de oír, sino que *trasoye*.

Los lapsus auditivos no son alucinaciones, pero, al igual que las alucinaciones, utilizan los caminos habituales de la percepción y se presentan como realidad: no se te ocurre cuestionarlos. Pero puesto que todas nuestras percepciones debe construirlas el cerebro, con frecuencia a partir de datos sensoriales escasos y ambiguos, la posibilidad de error está siempre presente. De hecho, lo maravilloso es que nuestras percepciones sean tan a menudo correctas, pues se construyen a gran velocidad, casi de manera instantánea.

Nuestro entorno, nuestros deseos y expectativas, conscientes e inconscientes, sin duda pueden ser codeterminantes a la hora de trasoír, pero el auténtico problema se halla a niveles inferiores, en aquellas partes del cerebro que intervienen en el análisis y decodificación fonológicos. Esas partes hacen lo que pueden con las señales distorsionadas o deficientes que llegan de nuestros oídos a la hora de construir frases o palabras, aun cuando sean absurdas.

A menudo trasoigo palabras, rara vez trasoigo música: las notas, las melodías, las armonías, los fraseos, siguen siendo tan claros y ricos como lo han sido toda mi vida (aunque a menudo trasoigo *la letra).* Está claro que hay algo en la manera en que el cerebro procesa la música que le da consistencia, aun cuando el oído sea imperfecto, y, a la inversa, hay algo en la naturaleza del lenguaje hablado que lo hace mucho más vulnerable a las deficiencias o distorsiones.

Interpretar o incluso escuchar música (al menos música tradicional grabada) implica no solo el análisis del tono y el ritmo; también intervienen la memoria de procedimiento y los centros emocionales del cerebro; las piezas musicales se guardan en la memoria y permiten anticiparse a ellas.

Pero el habla también debe decodificarse con otros sistemas cerebrales, entre ellos los sistemas de la memoria semántica y la sintaxis. El habla es algo abierto, inventivo, improvisado; es pródiga en ambigüedades y significados. Es algo que goza de una enorme libertad, que convierte el lenguaje hablado en algo infinitamente flexible y adaptable, pero también vulnerable al lapsus.

¿Se equivocaba completamente Freud, por tanto, en su teoría de las equivocaciones y los lapsus auditivos? Claro que no. Anticipó consideraciones fundamentales acerca de los deseos, los miedos, las motivaciones y los conflictos no presentes en la conciencia, o expulsados de la conciencia, que pueden teñir los lapsus lingüísticos, auditivos o de la lectura. Pero quizá insistió demasiado en que las falsas percepciones eran totalmente el resultado de una motivación inconsciente.

Después de haber estado reuniendo lapsus auditivos durante los últimos años sin ninguna selección o criterio explícito, me veo obligado a creer que Freud infravaloró el poder de los mecanismos nerviosos, combinados con la naturaleza abierta e impredecible del lenguaje, a la hora de sabotear el significado, de generar lapsus auditivos que resultan irrelevantes en términos de contexto y de motivación subconsciente.

Y, sin embargo, a menudo encontramos en estas invenciones instantáneas una especie de estilo o agudeza (una «rúbrica»); reflejan, hasta cierto punto, nuestros intereses y experiencias, y yo disfruto con ellos. Solo en el ámbito de los lapsus auditivos –al menos de mis lapsus auditivos– puede una biografía del cáncer convertirse en una biografía de Cantor (uno de mis matemáticos preferidos), las cartas del tarot se pueden convertir en pterópodos, una bolsa de la compra en una bolsa de poesía, todo o nada en entumecimiento oral, un porche en un Porsche, y la mera mención de la Nochebuena en un «Bésame los pies».[1]

1. En inglés, *tarot cards* en *pteropods; grocery bag* en *poetry bag; all-or-noneness* en *oral numbness;* un *porch* en un *Porsche* y *Christmas Eve* en *Kiss my feet! (N. del T.)*

EL YO CREATIVO

A todos los niños les gusta jugar, de una manera repetitiva e imitativa, y a la vez exploratoria e innovadora. Les atrae lo familiar y lo insólito: se aferran y se anclan a lo conocido y seguro, y exploran lo nuevo y lo que nunca se ha experimentado. Los niños poseen una avidez mental de saber y comprender, de alimento y estímulo mental. No necesitan que les digan que exploren o jueguen ni que les «motiven», pues el juego, como todas las actividades creativas o protocreativas, es algo inmensamente placentero en sí mismo.

Pero los impulsos innovadores y los imitativos se unen en los juegos simbólicos, donde a menudo utilizan juguetes, muñecas o réplicas en miniatura de objetos del mundo real para interpretar nuevos guiones o ensayar y reproducir argumentos antiguos. A los niños les atraen las narraciones, no solo piden que otro se las cuente y disfrutan oyéndolas, sino que ellos mismos las crean. Contar historias y crear mitos son actividades humanas primordiales, una manera fundamental de interpretar nuestro mundo.

La inteligencia, la imaginación, el talento y la creatividad no llegan a ninguna parte sin una base de conocimiento y pericia, y para ello la educación tiene que estar lo bastante estructurada y centrada. Pero una educación demasiado rígida, demasiado formularia, demasiado carente de narrativa, puede destruir la mente antaño activa e inquisitiva de un niño. La educación tiene que alcanzar un equilibrio entre estructura y libertad, y las necesidades de cada niño pueden variar enormemente. Hay mentes jóvenes que se expanden y florecen con una buena enseñanza. Otros niños (incluyendo algunos de los más creativos) puede que se muestren reacios a la enseñanza formal; son esencialmente autodidactas, voraces a la hora de aprender y explorar por su cuenta. Casi todos los niños pasan por muchas fases en este proceso, y a cada periodo necesitan más o menos estructura, más o menos libertad.

Una asimilación voraz, que imita diversos modelos, aunque no es creativa en sí misma, suele ser el presagio de una creatividad futura. El arte, la música, el cine y la literatura, además de los hechos y la información, pueden proporcionar un tipo especial de educación, lo que Arnold Weinstein denomina una «inmersión indirecta en las vidas de los demás, lo que nos aporta nuevos ojos y oídos».

En el caso de mi generación, esta inmersión procedía sobre todo de la lectura. Susan Sontag, en una conferencia de 2002, hablaba de cómo la lectura le había abierto el mundo entero cuando era niña, ampliando su imaginación y su memoria mucho más allá de los límites de su experiencia personal inmediata y real:

> Cuando tenía cinco o seis años, leí la biografía que había escrito Eve Curie de su madre. Leí cómics, diccionarios y enciclopedias de manera indiscriminada, y con gran placer [...]. Era como si cuantas más cosas asimilara, más fuerte me sintiera, más se ensanchara el mundo [...]. Creo que

desde el principio fui una alumna increíblemente superdotada, con un gran talento para el aprendizaje, una extraordinaria autodidacta [...]. ¿Eso es creativo? No, no era nada creativo [...] [pero] tampoco impidió que posteriormente fuera creativa. [...] No estaba creando, sino atiborrándome. Era una viajera mental, una glotona mental. [...] Mi infancia, aparte de mi desdichada vida real, fue un aprendizaje del éxtasis.

Lo que resulta especialmente llamativo en el relato de Sontag (y en relatos parecidos de protocreatividad) es la energía, la pasión voraz, el entusiasmo, el amor con que esa joven mente se vuelve hacia cualquier cosa que la nutra, busca modelos intelectuales o los que sean, y afila sus habilidades por imitación.

Asimila inmensos conocimientos de otras épocas y otros lugares, de la diversidad de la naturaleza y la experiencia, y estas perspectivas desempeñaron un papel importantísimo a la hora de incitarla a escribir su propia obra:

Comencé a escribir cuando tenía siete años. Fundé un periódico cuando tenía ocho, que llenaba de relatos y poemas, obras de teatro y artículos, y que vendía a los vecinos por cinco centavos. Estoy segura de que era algo bastante banal y convencional, y que simplemente me inventaba cosas a partir de otras cosas que estaba leyendo. [...] Naturalmente tenía modelos, todo un panteón. [...] Si leía los relatos de Poe, entonces escribía un cuento estilo Poe [...]. Cuando tenía diez años cayó en mis manos una obra de teatro de Karel Čapek completamente olvidada, *R.U.R.,* que trataba de robots, de manera que escribí una obra de teatro sobre robots. Pero era una mera imitación. Me encantaba todo lo que veía, y todo lo que

> me encantaba tenía que imitarlo, lo cual no es necesariamente el camino más directo a la auténtica innovación o a la creatividad; aunque tampoco, tal como yo lo veía, suponía un obstáculo. [...] Empecé a ser una escritora de verdad a los trece años.

La prodigiosa y precoz inteligencia y creatividad de Sontag le permitió dar el salto a la escritura «auténtica» cuando era adolescente, pero, para la mayoría de la gente, el periodo de imitación y aprendizaje, de estudio, dura mucho más. Hay una época en la que uno lucha para encontrar sus propias capacidades, su propia voz. Es una época de práctica, repetición, dominio y perfeccionamiento de tus habilidades y técnicas.

Hay personas que, después de pasar por el aprendizaje, pueden quedarse en el nivel de dominio técnico sin alcanzar una auténtica creatividad. Y puede que sea difícil juzgar, ni siquiera a distancia, cuándo se dio el salto de la labor imitativa pero con talento a una innovación significativa. ¿Dónde trazamos la línea entre influencia e imitación? ¿Qué distingue una asimilación creativa, una profunda urdimbre de apropiación y experiencia, del mero mimetismo?

El término «mimetismo» podría dar a entender algo consciente o intencionado, pero imitar, hacerse eco o reflejar algo son propensiones psicológicas (y de hecho fisiológicas) universales que se pueden observar en todo ser humano y en muchos animales (de ahí las expresiones «repetir como un loro» o «imitar como un mono»). Si le sacamos la lengua a un niño pequeño, repetirá ese comportamiento, incluso antes de haber alcanzado un control adecuado de sus extremidades ni de tener una clara noción de su imagen corporal, y dicha repetición sigue siendo una manera importante de aprender a lo largo de la vida.

Merlin Donald, en su libro *Origins of the Modern Mind*, considera la «cultura mimética» como una fase crucial de la evolución de la cultura y la cognición. Traza una clara distinción entre mimetismo, imitación y mímesis:

> El mimetismo es literal, un intento de ofrecer un duplicado lo más exacto posible. De este modo, la reproducción exacta de una expresión facial, o la réplica exacta del sonido de otro pájaro por un loro constituyen un mimetismo. [...] La imitación es tan literal como el mimetismo; el niño que copia el comportamiento de sus padres imita, pero no mimetiza, la manera de hacer las cosas de aquellos. [...] La mímesis añade una dimensión representacional a la imitación. Generalmente incorpora tanto el mimetismo como la imitación a un nivel superior, y vuelve a representar un suceso o relación.

Donald sugiere que el mimetismo tiene lugar en muchos animales; la imitación en monos y simios; y la mímesis exclusivamente en los humanos. Pero todo ello puede coexistir y solaparse: una actuación, una producción, pueden poseer elementos de los tres.

En ciertas afecciones neurológicas, la capacidad de mímesis y reproducción puede ser exagerada, o quizá menos inhibida. La gente que padece el síndrome de Tourette, autismo, o sufre ciertas lesiones del lóbulo frontal, por ejemplo, puede que sea incapaz de inhibir el impulso de hacerse eco o reflejar de manera involuntaria las palabras u acciones de los demás; también pueden repetir sonidos, incluso sonidos carentes de sentido en el entorno. En *El hombre que confundió a su mujer con un sombrero* describo a una mujer que padecía el síndrome de Tourette, la cual, mientras caminaba por la calle, repetía o imitaba la parrilla en forma de «dientes» de los coches, las formas parecidas a la horca de las farolas y los gestos y andares de todo el mundo que pasaba, exagerándolos a menudo hasta un punto caricaturesco.

Algunos *savants* autistas poseen una capacidad excepcional de imaginería y reproducción visual, algo que resulta evidente en el caso de Stephen Wiltshire, cuyo perfil trazo en *Un antropólogo en Marte*. Stephen es un *savant* visual con un gran talento para captar las semejanzas visuales. Poco importa si las distingue allí mismo, en el acto, o mucho después: en su caso, percepción y memoria parecen casi indistinguibles. También posee un oído asombroso; cuando era niño repetía ruidos y palabras, al parecer sin ninguna intención ni conciencia de ello. Cuando de adolescente regresó de una visita a Japón, no dejaba de emitir ruidos «japoneses», balbuceaba un «pseudojaponés» y también mostraba gestos «japoneses». Es capaz de imitar el sonido de cualquier instrumento musical en cuanto lo ha oído, y posee una memoria musical muy precisa. Me quedé impresionado cuando, a sus dieciséis años, cantó e imitó la canción de Tom Jones «It's Not Unusual», meneando las caderas, bailando, gesticulando y llevándose un micrófono imaginario a la boca. A esa edad Stephen generalmente mostraba muy poca emoción y muchas de las manifestaciones externas del autismo clásico, como la postura con el cuello torcido, tics, y una mirada indirecta, pero todo ello desapareció cuando se puso a cantar la canción de Tom Jones, hasta el punto de que me pregunté si, de alguna manera misteriosa, había sobrepasado la imitación y de hecho compartía la emoción y sensibilidad de lo que estaba cantando. Me recordó a un chico autista que había conocido en Canadá que se sabía todo un programa de televisión de memoria y lo «reproducía» docenas de veces al día, con todas las voces y los gestos, aplausos incluidos. Este caso me parecía una especie de automatismo o reproducción superficial, pero lo que hacía Stephen me dejó perplejo y pensativo. ¿Acaso, contrariamente al niño canadiense, había pasado del mimetismo a la creatividad o al arte? ¿Compartía de manera consciente e intencionada las emociones y la sensibilidad de la canción o simplemente lo reproducía? ¿O era algo intermedio?[1]

En el caso de otro *savant* autista, José (al que me referí en *El hombre que confundió a su mujer con un sombrero),* el personal del hospital se refería a menudo a él como una fotocopiadora. Era un calificativo injusto e insultante, y también incorrecto, pues la retentiva de la memoria de un *savant* no es en absoluto comparable a un proceso mecánico; encontramos una discriminación y un reconocimiento de los rasgos visuales, los rasgos del habla, las peculiaridades del gesto, etc. Pero, en cierto modo, el «significado» de todo ello no acaba de incorporarse, y eso es lo que provoca que

1. En las personas autistas o retrasadas con síndrome de *savant,* la capacidad de retención y reproducción puede llegar a ser prodigiosa, pero lo que se retiene por lo general se ve como algo externo, con indiferencia. Langdon Down, quien identificó el síndrome de Down en 1862, escribió acerca de un muchacho *savant* que «con solo leer un libro una vez, lo recordaba para siempre». En una ocasión, Down le entregó un ejemplar de *Decadencia y caída del imperio romano* de Gibbon para que lo leyera. El muchacho lo leyó y lo recitó de manera fluida pero sin comprenderlo, y en la página 3 se saltó una línea, pero volvió atrás y se corrigió. «Desde entonces», escribió Down, «cuando recitaba de memoria los majestuosos periodos de Gibbon, cada vez que llegaba a la página tres se saltaba la línea y volvía atrás para corregir el error, como si formara parte del texto habitual.»

la memoria del *savant* nos parezca, en comparación, mecánica.

Si la imitación desempeña un papel central en las artes interpretativas, donde la incesante práctica, repetición y ensayo son esenciales, resulta igualmente importante en la pintura, en la composición o en la escritura, por ejemplo. Todos los jóvenes artistas buscan modelos en sus años de aprendizaje, modelos cuyo estilo, dominio técnico e innovaciones puedan servirles de lección. Los jóvenes pintores merodean por las galerías del Metropolitan o el Louvre; los jóvenes compositores van a conciertos o estudian partituras. En este sentido, todo el arte comienza como algo «derivativo», enormemente influenciado por los modelos admirados y emulados, cuando no son una pura imitación o paráfrasis.

Cuando Alexander Pope tenía trece años, le pidió consejo a William Walsh, un poeta de más edad al que admiraba. El consejo de Walsh fue que Pope debía ser «correcto». Pope creyó que eso significaba que primero debía dominar las formas y técnicas poéticas. A tal fin, en su «Imitación de los poetas ingleses», comenzó a imitar a Walsh, y luego a Cowley, al conde de Rochester y a otras figuras importantes como Chaucer y Spenser, y también a escribir «Paráfrasis», como él las llamaba, de poetas latinos. A los diecisiete años, dominaba el «dístico heroico» y comenzó a escribir sus «Pastorales» y otros poemas, en los que desarrolló y refinó su propio estilo, aunque contentándose con los temas más insípidos o manidos. Solo cuando hubo conseguido un dominio absoluto de su estilo y forma comenzó a proveerlo de los productos exquisitos y a veces aterradores de su propia imaginación. Es posible que para la mayoría de los artistas estas fases o procesos se solapen bastante, pero la imitación y el dominio de la forma o la destreza técnica deben llegar antes de que su creatividad se desarrolle por completo.

No obstante, hay grandes talentos que ni siquiera con años de preparación y dominio consciente consiguen ir más allá de un comienzo prometedor.[1] Muchos creadores –ya sean artistas, científicos, cocineros o ingenieros–, en cuanto han alcanzado cierto nivel de maestría, se conforman con permanecer aferrados a una forma, a no salirse de sus límites durante el resto de su vida, sin llegar a conseguir nada radicalmente nuevo. Puede que su obra llegue a exhibir maestría e incluso virtuosismo, proporcionando un gran goce aun cuando no haya dado el paso hacia una creatividad «mayor».

Existen muchos ejemplos de creatividad «menor», una creatividad que no parece cambiar gran cosa después de su expresión inicial. *Estudio en escarlata,* el primer libro que escribió Arthur Conan Doyle de la serie de Sherlock Holmes, publicado en 1887, fue un logro extraordinario: no existían «historias de detectives» como esa.[2] *Las aventuras de Sherlock Holmes,* cinco años más tarde, constituyeron un enorme éxi-

1. En su autobiografía *Ex-Prodigy,* Norbert Wiener, que ingresó en Harvard a los catorce años, se doctoró a los diecisiete y siguió siendo un prodigio durante toda su vida, menciona a un contemporáneo suyo, William James Sidis. Sidis (al que le habían puesto el nombre de su padrino, William James) era un brillante matemático políglota que ingresó en Harvard a los once años, pero a los dieciséis, quizá un poco superado por las exigencias de su genio y de la sociedad, abandonó las matemáticas y se retiró de la vida pública y académica.

2. Poe había escrito algunos relatos de Dupin («Los asesinatos de la rue Morgue», por ejemplo), pero carecían de la cualidad personal, la rica caracterización de Holmes y Watson.

to, y Conan Doyle pasó a ser el aclamado escritor de una serie potencialmente infinita. Estaba encantado con su éxito, pero a la vez irritado, pues también quería escribir novelas históricas, solo que estas no parecían interesar demasiado al público. Querían Holmes y más Holmes, y a Conan Doyle no le quedó más remedio que seguir escribiendo sus aventuras. Incluso después de matar a Holmes en «El problema final», donde lo enviaba a las cataratas de Reichenbach para entablar un combate mortal con Moriarty, el público insistió en que lo resucitara, cosa que hizo en 1905 en *El regreso de Sherlock Holmes.*

No hay evolución ninguna en el método, la mente ni el carácter de Holmes; tampoco parece envejecer. Entre caso y caso, Holmes apenas existe –o mejor dicho, existe en estado regresivo: se dedica a rasgar el violín, a inyectarse cocaína, a llevar a cabo malolientes experimentos químicos–, y solo vuelve a cobrar vida cuando el siguiente caso lo hace entrar en acción. Los relatos de la década de 1920 podrían haberse escrito perfectamente en la de 1890, y estos tampoco habrían desentonado en décadas sucesivas. El Londres de Holmes cambia tan poco como el personaje; ambos se describen de manera brillante, y sin transformación alguna, en la década de 1890. El propio Doyle, en su prefacio de 1928 a *Los relatos completos de Sherlock Holmes,* afirma que el lector puede leer las historias «en cualquier orden».

¿Por qué, de cada centenar de músicos con talento que estudian en Juilliard, o de cada centenar de jóvenes científicos brillantes que trabajan en importantes laboratorios a las órdenes de ilustres mentores, solo un puñado escribirán composiciones musicales memorables o llevarán a cabo descubrimientos científicos de gran importancia? ¿Acaso a la mayoría, a pesar de su talento, les falta cierta chispa creativa? ¿Les falta alguna otra característica, aparte de la creatividad, que puede resultar esencial para los logros creativos, como por ejemplo osadía, seguridad en sí mismos, un pensamiento propio?

Hace falta una energía especial, aparte del potencial creativo propio, una audacia o subversividad especiales, para querer emprender un nuevo rumbo en cuanto uno está asentado. Es una apuesta, como han de ser todos los proyectos creativos, pues ese nuevo rumbo podría acabar no siendo nada productivo.

La creatividad implica no solo años de preparación y entrenamiento conscientes, sino también una preparación inconsciente. Este periodo de incubación resulta esencial para permitir la asimilación e incorporación subconscientes de todas nuestras influencias y fuentes, y para reorganizarlas y sintetizarlas en algo propio. En la obertura de *Renzi* de Wagner, casi se puede rastrear la aparición de esa originalidad. Existen ecos, imitaciones, paráfrasis y pastiches de Rossini, Meyerbeer, Schumann y otros: todas las influencias musicales de su aprendizaje. Y entonces, de repente y de manera asombrosa, escuchamos la propia voz de Wagner: poderosa, extraordinaria (aunque en mi opinión horrible), la voz de un genio sin precedentes ni antecedentes. Lo que diferencia esencialmente la retención y apropiación de la asimilación y la incorporación es esa dimensión de profundidad, de significado, de implicación activa y personal.

A principios de 1982 recibí un paquete inesperado procedente de Londres que contenía una carta de Harold Pinter y el manuscrito de su nueva obra teatral, *Una especie de Alaska,* que, según me decía, se había inspirado en un estudio clínico mío publicado en *Despertares*. En su carta, Pinter me contaba que había leído mi libro cuando se había publicado en 1973, y que de inmediato se había preguntado por los problemas que presentaría una adaptación dramática de esa historia. Pero, al no encontrar una fácil solución a sus problemas, se había olvidado del tema. Pinter me escribía que, una mañana, ocho años atrás, se había despertado con la primera imagen y las primeras palabras («Algo pasa») claras y acuciantes en su mente. La obra «se había escrito sola» en los días y semanas siguientes.

No pude evitar comparar lo que me contaba con una obra (inspirada por el mismo historial clínico) que me habían enviado cuatro años antes. El autor, en una carta anexa, afirmaba haber leído *Despertares* dos meses antes, y haber quedado tan «influido», tan poseído por el libro, que había sentido el impulso de escribir una obra enseguida. Y si bien la obra de Pinter me había encantado –y uno de los motivos básicos era que efectuaba una profunda transformación, una «pinterización» de mis propios temas–, la obra de 1978 carecía totalmente de originalidad, y a veces copiaba frases enteras de mi propio libro sin transformarlas lo más mínimo. No me pareció tanto una obra original como un plagio o una parodia (y sin embargo, no había duda de la obsesión o «buena fe» del autor).

No sabía muy bien qué pensar. ¿Acaso el autor había sido demasiado perezoso, le faltaba talento u originalidad para conseguir transformar mi obra? ¿O se trataba esencialmente de un problema de incubación, de que no se había concedido tiempo suficiente para poder asimilar la experiencia de leer *Despertares?* Tampoco se había concedido, como había hecho Pinter, tiempo para olvidar, para permitir que la obra se alojara en el inconsciente, donde pudiera enlazar con otras experiencias y pensamientos.

Hasta cierto punto, todos tomamos prestado de otros, de la cultura que nos rodea. Las ideas están en el aire, y a veces, sin darnos cuenta, nos apropiamos de las expresiones y el lenguaje de nuestro tiempo. Tomamos prestado el propio lenguaje, no lo inventamos. Lo encontramos al nacer, crecemos con él, aunque podemos utilizarlo e interpretarlo de manera muy individual. La cuestión no es el hecho de «tomar prestado», «imitar», o «copiar», de estar «influido», sino lo que uno hace con lo que toma prestado, imita o copia; con qué profundidad lo asimila, lo incorpora, lo combina con sus propias experiencias, pensamientos y sentimientos, qué lugar ocupa con relación a sí mismo y cómo se expresa de una manera nueva y propia.

El tiempo, el «olvido» y la incubación son igualmente necesarios antes de poder llevar a cabo un descubrimiento científico o matemático profundo. Henri Poincaré, el gran matemático, relata en su autobiografía cómo se enfrentó a un problema matemático especialmente difícil, y que, al ver que no llegaba a ninguna parte, se sentía profundamente frustrado.[1] Decidió tomarse un descanso y emprender una excursión geológica, un viaje que le distrajera de su problema matemático. Un día, sin embargo:

> Entramos en un ómnibus para ir no sé dónde. En cuanto puse el pie en el estribo, se me ocurrió una idea, sin que nada en mis pensamientos anteriores pareciera haber preparado el terreno: que las transformaciones que había utilizado para definir las funciones fuchsianas eran idénticas a

1. Jacques Hadamard lo narra en su *Psicología de la invención en el campo matemático.*

> las de la geometría no euclidiana. No verifiqué la idea; es posible que no tuviera tiempo, pues [...] proseguí una conversación ya iniciada, pero sentí una certeza absoluta. A mi regreso a Caen, para quedarme tranquilo, verifiqué el resultado con calma.

Un tiempo después, «disgustado» por no conseguir solucionar un problema distinto, se fue a la costa, y allí, escribió:

> una mañana, mientras caminaba sobre el acantilado, se me ocurrió la idea –de manera igual de repentina y breve, con la misma certeza inmediata– de que las transformaciones aritméticas de formas cuadráticas terciarias indefinidas eran idénticas a las de la geometría no euclidiana.

Tal como escribió Poincaré, parecía evidente que debía de existir una actividad inconsciente (o subconsciente o preconsciente) activa e intensa durante el periodo en que el pensamiento consciente deja al margen un problema y la mente queda vacía o se distrae con otras cosas. Esta no es la dinámica del inconsciente «freudiano», rebosante de temores y deseos reprimidos, y tampoco la del inconsciente «cognitivo», que nos permite conducir un coche o pronunciar una frase gramatical sin tener la menor conciencia de cómo lo hacemos. Se trata, por el contrario, de la incubación de problemas enormemente complejos llevados a cabo por un yo oculto y creativo. Poincaré rinde homenaje a este yo inconsciente: «no es puramente automático; es capaz de discernimiento; [...] sabe elegir, adivinar. [...] Adivina mejor que el yo consciente, pues tiene éxito donde aquel ha fracasado».

La aparición repentina de una solución a un problema largamente incubado puede darse a veces en sueños o en estados de conciencia parcial, como los que se suelen experimentar inmediatamente antes de quedarse dormido o inmediatamente después de despertar, con esa extraña libertad de pensamiento e imaginería a veces alucinatoria con que nos encontramos en dichos momentos. Poincaré relataba que una noche, mientras se encontraba en ese singular estado crepuscular, le pareció ver ideas en movimiento, como moléculas de gas, que de vez en cuando colisionaban o se acoplaban en parejas para formar ideas más complejas, una imagen singular (aunque otros han descrito otras parecidas, sobre todo en estados inducidos por las drogas) del inconsciente creativo habitualmente invisible.

Y Wagner nos ofrece una viva descripción de cómo se le ocurrió la introducción orquestal de *El oro del Rin* después de mucho esperar, cuando se encontraba en un extraño estado crepuscular, casi alucinatorio:

> Después de una noche de fiebre e insomnio, al día siguiente me obligué a hacer una larga excursión por unas colinas cubiertas de pinos [...]. Por la tarde, al regresar, me tumbé, muerto de cansancio, en un duro sofá. [...] Caí en un estado de somnolencia, y de repente tuve la sensación de que rápidamente me hundía en unas aguas que fluían. El sonido de las aguas se convirtió en mi cerebro en un sonido musical, en el acorde de mi bemol mayor, que siguió sonando en formas rotas; estas formas rotas parecían ser pasajes melódicos de creciente movimiento, aunque la pura tríada de mi bemol mayor nunca cambiaba, sino que su continuación parecía impartir una trascendencia infinita al elemento en el que me estaba hundiendo. [...] Enseguida reconocí la obertura orquestal de *El oro del Rin*,

que debía de haber permanecido mucho tiempo latente en mi interior [...] y que por fin se me había revelado.[1]

¿Sería posible que algún tipo de producción de imágenes cerebrales funcionales todavía por inventar pudiera distinguir los mimetismos o las imitaciones de un *savant* autista de las profundas transformaciones conscientes e inconscientes de un Wagner? La memoria literal, ¿parece neurológicamente distinta de la memoria profunda proustiana? ¿Se podría demostrar que algunos recuerdos tienen poca influencia en el desarrollo y los circuitos del cerebro, que algunos recuerdos traumáticos permanecen activos de manera perseverante e inmutable, mientras que otros quedan integrados y conducen a un desarrollo profundo y creativo del cerebro?

La creatividad –ese estado en el que las ideas parecen organizarse en un flujo veloz y bien urdido, con la sensación de que surgen con espléndida claridad y significado– me parece algo fisiológicamente inconfundible, y creo que si dis-

1. Existen muchas historias similares, algunas de ellas icónicas, otras mitificadas, sobre descubrimientos científicos realizados en sueños. Mendeléyev, el gran químico ruso, dijo que había descubierto la tabla periódica en un sueño, y que de inmediato, al despertar, la anotó en un sobre. El sobre existe; y el relato, tal como lo cuenta, puede que sea cierto. Pero da la impresión de que este golpe de genio surgió de la nada, cuando, en realidad, Mendeléyev había estado meditando sobre el tema, de manera consciente e inconsciente, durante al menos nueve años, desde el congreso de Karlsruhe de 1860. No hay duda de que el problema le obsesionaba, y en sus viajes en tren por toda Rusia se pasaba largas horas con un mazo de cartas especial en el que había escrito cada elemento y su peso atómico, jugando a lo que él denominaba «el solitario químico», barajando, ordenando y reordenando los elementos. Sin embargo, cuando la solución le llegó por fin fue en un momento en que no intentaba alcanzarla de manera consciente.

pusiéramos de la capacidad de conseguir imágenes cerebrales lo bastante refinadas, estas mostrarían una actividad insólita y generalizada, en la que ocurrirían innumerables conexiones y sincronizaciones.

En estos momentos, cuando escribo, los pensamientos parecen organizarse en sucesión espontánea, y al instante se visten con las palabras apropiadas. Tengo la impresión de que soy capaz de sortear o superar gran parte de mi personalidad, de mis neurosis. No soy yo, y al mismo tiempo soy la parte más íntima de mi yo, y desde luego lo mejor de mí.

UNA SENSACIÓN DE MALESTAR GENERAL

Nada resulta más fundamental para la supervivencia e independencia de los organismos –ya sean elefantes o protozoos– que el mantenimiento de un entorno interno constante. Claude Bernard, el gran fisiólogo francés, lo dijo todo sobre la cuestión cuando, en la década de 1850, escribió: «La fixité du milieu intérieur est la condition de la vie libre.» El mantenimiento de dicha constante se llama homeostasis. La homeostasis esencial es relativamente simple pero milagrosamente eficiente a nivel celular, donde las bombas de iones en las membranas celulares permiten que el interior químico de las células permanezca constante sean cuales sean las vicisitudes del entorno externo. Sin embargo, cuando hay que asegurar la homeostasis en organismos multicelulares –sobre todo en animales y seres humanos– se requieren sistemas de monitorización más complejos.

La regulación homeostática se consigue desarrollando células y redes nerviosas (o plexos) especiales que se desperdigan por todo nuestro cuerpo, y también mediante medios químicos directos (las hormonas, por ejemplo). Estas células nerviosas y plexos desperdigados se organizan en un sistema o confederación cuyo funcionamiento es en gran medida autónomo, y de ahí su nombre: el sistema nervioso autónomo. El sistema nervioso autónomo no se identificó y exploró hasta comienzos del siglo XX, mientras que muchas de las funciones del sistema nervioso central, sobre todo del cerebro, ya se habían localizado en detalle en el siglo XIX, lo cual resulta paradójico, pues el sistema nervioso autónomo evolucionó mucho antes que el sistema nervioso central.

Ambos sufrieron una evolución independiente (que, en un grado considerable, todavía continúa), enormemente distinta en organización y formación. Los sistemas nerviosos centrales, junto con los músculos y los órganos de los sentidos, evolucionaron para permitir que los animales pudieran moverse por el mundo y les fuera posible buscar comida y pareja, cazar, evitar o combatir al enemigo, etc. El sistema nervioso central, junto con el sistema propioceptivo, nos dice lo que somos y lo que estamos haciendo. El sistema nervioso autónomo, que nunca duerme y monitoriza todos los órganos y tejidos del cuerpo, nos dice *cómo* estamos. (Resulta curioso que el propio cerebro no posea órganos sensoriales, motivo por el cual podemos sufrir graves trastornos y sin embargo no experimentar sensación de malestar. Así, Ralph Waldo Emerson, que padeció la enfermedad de Alzheimer a los sesenta y pocos años, cuando le preguntaban cómo se encontraba decía: «He perdido mis facultades mentales, pero me encuentro perfectamente.»)[1]

A principios del siglo XX se identificaron dos divisiones generales del sistema nervioso autónomo: una parte «simpática», la cual, al incrementar la potencia cardiaca, aguza los sentidos y tensa los músculos, prepara a un animal para ponerse en acción (en situaciones extremas, por ejemplo,

1. David Shenk lo relata estupendamente en su libro *El Alzheimer*.

como luchar o huir para salvar la vida); y el correspondiente opuesto –una parte «parasimpática»–, que incrementa la actividad en las partes «de mantenimiento» del cuerpo (intestino, riñones, hígado, etc.), que disminuye la velocidad del corazón y fomenta la relajación y el sueño. Estas dos porciones del sistema nervioso autónomo normalmente funcionan de una manera felizmente recíproca; así, la deliciosa somnolencia posprandial que llega a consecuencia de una comida pesada no es un estado en el que nos apetezca hacer una carrera o meternos en una pelea. Cuando las dos partes del sistema nervioso autónomo funcionan juntas de manera armoniosa, nos sentimos «bien» o «normal».

Nadie ha escrito con más acierto sobre el tema que Antonio Damasio en su libro *La sensación de lo que ocurre,* y en muchos libros y ensayos posteriores. Menciona una «conciencia central», la sensación básica de *cómo estás,* que acaba convirtiéndose en una sensación pálida e implícita de la conciencia.[1] Cuando las cosas van mal internamente –cuando no se mantiene la homeostasis; cuando el equilibrio autónomo comienza a escorarse de manera excesiva a un lado u otro– esta conciencia central, la sensación de *cómo estás,* adquiere una cualidad intrusiva y desagradable, y uno dice: «Me siento mal, algo me pasa.» En dichos momentos, uno tampoco tiene buen *aspecto.*

La migraña, por poner un ejemplo, es una enfermedad prototípica, a menudo muy desagradable pero transitoria y autolimitante; benigna en el sentido de que no causa la muerte ni ninguna lesión seria, y tampoco va asociada con ningún daño a los tejidos ni trauma ni infección. La migraña presenta, en miniatura, los rasgos esenciales de *estar en-*

1. Véase también Antonio Damasio y Gil B. Carvalho, «The Nature of Feeling: Evolutionary and Neurobiological Origins» (2013).

fermo –de que hay un problema dentro del cuerpo– sin que exista una enfermedad real.

Cuando llegué a Nueva York, hace casi cincuenta años, los primeros pacientes que visité sufrían ataques de migraña: una migraña común, llamada así porque afecta al menos al diez por ciento de la población. (Yo mismo las he sufrido durante toda mi vida.) El visitar a esos pacientes, el hecho de intentar comprenderlos, constituyó mi aprendizaje en el campo de la medicina, y me llevó a escribir mi primer libro: *Migraña*.

Aunque la migraña común se puede presentar de muchas maneras posibles (y siento la tentación de decir: innumerables) –en mi libro describía casi un centenar–, habitualmente viene precedida de una sensación indefinible pero innegable de que *algo pasa*. Es exactamente lo que Emil du Bois-Reymond recalcó cuando, en 1860, describió sus propios ataques de migraña. «Me despierto», escribe, «con una sensación de malestar general.»

En su caso (había padecido migraña cada tres o cuatro semanas desde que tenía veinte años) experimentaba «un ligero dolor en la zona de la sien derecha [...] que alcanza su mayor intensidad a mediodía; cuando llega la noche generalmente remite [...]. Si estoy en reposo el dolor es soportable, pero si estoy en movimiento aumenta hasta un alto grado de violencia [...]. Responde a cada latido de la arteria temporal». Además, Du Bois-Reymond tenía un aspecto distinto durante sus migrañas: «El semblante se ve pálido y demacrado, y el ojo derecho pequeño y enrojecido.» Durante los ataques violentos experimentaba náuseas y «trastornos gástricos». La «sensación de malestar general» que a menudo inaugura las migrañas puede proseguir e irse agravando en el curso del ataque; los pacientes más afectados pueden acabar postrados en medio de una espesa bruma, sintiéndose medio muertos o incluso prefiriendo la muerte a ese estado.[1]

Cito la descripción que hace de sí mismo Du Bois-Reymond, como ya hice al principio de *Migraña,* en parte por su precisión y belleza (tan comunes en las descripciones neurológicas del siglo XIX, y tan escasas ahora), pero sobre todo porque resulta *ejemplar:* todos los casos de migraña varían, pero, por así decir, son permutaciones del suyo.

Los síntomas vasculares y viscerales de la migraña son típicos de una actividad parasimpática descontrolada, pero pueden ir precedidos de un estado fisiológicamente opuesto. A veces uno se siente lleno de energía, incluso casi eufórico, durante las horas *anteriores* a la migraña: George Eliot afirmaba sentirse «peligrosamente bien» en dichas ocasiones. De manera parecida, sobre todo si el sufrimiento ha sido muy intenso, puede haber un «rebote» *después* de la migraña. Era muy evidente en uno de mis pacientes (Caso 68 de *Migraña),* un joven matemático con migrañas muy fuertes. En su caso, la resolución de la migraña, acompañada de un enorme flujo de orina de color pálido, venía siempre seguida de un frenético acceso de pensamiento matemático original. Descubrimos que si le «curábamos» las migrañas, también «curábamos» su creatividad matemática, y, teniendo en cuenta la extraña economía de su cuerpo y su mente, decidió conservar ambas.

1. En el siglo II, Areteo observó que los pacientes que se encontraban en ese estado «estaban hartos de la vida y preferían morir». Dicha sensación, aunque puede originarse y estar correlacionada con el desequilibrio autónomo, debe de mantener una relación con las partes «centrales» del sistema nervioso autónomo que participan en las sensaciones, el estado de ánimo, la sentiencia y la conciencia (central): el tallo cerebral, el hipotálamo, la amígdala y otras estructuras subcorticales.

Aunque esta es la pauta general de una migraña, pueden darse fluctuaciones que cambian rápidamente y síntomas contradictorios: un estado que los pacientes a menudo denominan «inestable». En este estado inestable (escribí en *Migraña)* «uno puede sentir frío o calor, o ambas cosas [...] sentirse hinchado y apretado, suelto de vientre o con náuseas; extremadamente tenso o lánguido, o las dos cosas [...] diversas tensiones y molestias, que surgen y se desvanecen».

De hecho, todo surge y se desvanece, y si uno pudiera hacer un escáner o fotografía interior del cuerpo en dichas ocasiones, comprobaría que los lechos vasculares se abren y se cierran, la peristalsis se acelera o se detiene, las vísceras se retuercen o se tensan en un espasmo, las secreciones de repente aumentan o disminuyen, como si el propio sistema nervioso se hallara en un estado de indecisión. Inestabilidad, fluctuación y oscilación son la esencia del estado incierto, de esa sensación de malestar general. Perdemos la sensación normal de «bienestar» que todos nosotros, y quizá todos los animales, poseen cuando están sanos.

Si evocar a mis primeros pacientes ha estimulado nuevas ideas acerca de la enfermedad y la recuperación –o viejas ideas en una nueva forma–, en las últimas semanas han cobrado un relieve inesperado gracias a una experiencia personal muy diferente.

El lunes, 16 de febrero de 2015, podía afirmar que me encontraba bien, en mi estado de salud habitual –al menos con toda la salud y energía que puede esperar disfrutar una persona de ochenta y un años bastante activa–, y ello a pesar de haberme enterado un mes antes de que el cáncer se había extendido a gran parte de mi hígado. Me habían sugerido diversos tratamientos paliativos, tratamientos que podrían reducir la metástasis en el hígado y permitirme unos cuantos meses más de vida. En el caso del tratamiento que decidí probar en primer lugar, mi cirujano, radiólogo intervencionista, introducía un catéter hasta la bifurcación de la arteria hepática y a continuación inyectaba una masa de diminutas gotas en la arteria hepática derecha, que las transportaría hasta las arteriolas más pequeñas, bloqueándolas e interrumpiendo el suministro de sangre y oxígeno necesario para la metástasis: de hecho, matándolas de hambre y asfixiándolas. (Mi médico, muy dotado para las metáforas gráficas, lo comparó a matar ratas en el sótano, o, en una imagen más agradable, a secar los dientes de león del césped de atrás.) Si dicha embolización resultaba ser eficaz y la toleraba, se podría repetir en el otro lado del hígado (los dientes de león del césped delantero) más o menos un mes después.

La operación, aunque relativamente benigna, provocaría la muerte de una gran masa de melanocitos (tenía metástasis en casi el cincuenta por ciento de mi hígado). Al morir los melanocitos, liberarían una variedad de sustancias desagradables y dolorosas que luego habría que eliminar, igual que hay que eliminar del cuerpo cualquier material muerto. Esta inmensa tarea de sacar la basura la llevarían a cabo las células del sistema inmunitario –macrófagos– especializadas en envolver la materia ajena o muerta del cuerpo. Mi cirujano me sugirió que las considerara diminutas arañas, en una cantidad de millones o miles de millones, correteando en mi interior para envolver todos los restos del melanoma. Esta enorme tarea celular consumiría toda mi energía, y en consecuencia me sentiría más agotado que nunca, por no hablar del dolor y otros problemas.

Me alegro de que me lo advirtiera, pues al día siguiente (el martes 17), poco después de despertar de la embolización –que tuvo lugar con anestesia general–, me asaltó una sensación de terrible cansancio y un acceso de sueño tan repentino que me caía redondo en mitad de una frase o mientras comía, o cuando los amigos que me visitaban hablaba o reían en voz alta a un metro de mí. También, a veces, un delirio se apoderaba de mí en pocos segundos, incluso mientras escribía. Me sentía extremadamente débil e inerte; a veces me quedaba sentado e inmóvil hasta que me ponía en pie y dos ayudantes me hacían caminar. Aunque cuando estaba inmóvil el dolor parecía tolerable, cualquier movimiento involuntario, como un estornudo o un ataque de hipo, producía un estallido, una especie de orgasmo negativo de dolor, a pesar de que, al igual que a todos los pacientes que han sufrido una embolización, me suministraban continuamente narcóticos intravenosos. Esta enorme dosis de narcóticos detuvo toda la actividad intestinal durante casi una semana, con lo que todo lo que comía –no tenía apetito, pero tenía que «tomar algo de alimento», tal como expresaba el personal de enfermería– quedaba retenido dentro de mí.

Otro problema –no infrecuente después de la embolización de gran parte del hígado– era que liberaba HAD, una hormona antidiurética que provoca una enorme acumulación de fluido en mi cuerpo. Los pies se me hincharon tanto que ya no los reconocía *como* pies, y en torno al tronco me salió un edema grueso como un neumático. Esta «hiperhidratación» provocó el descenso de los niveles de sodio en la sangre, lo que probablemente contribuyó a mi delirio. Con todo ello, y una combinación de síntomas distintos –la regulación de la temperatura era inestable, en un momento tenía calor y al siguiente frío–, me sentía fatal. Experimentaba «una sensación de malestar general» elevada a un grado casi infinito. No dejaba de pensar que si tenía que sentirme así a partir de entonces, prefería estar muerto.

Después de la embolización permanecí en el hospital

durante seis días, y luego me fui a casa. Aunque me sentía peor de lo que me había sentido en toda mi vida, en realidad me sentía un poco mejor, mínimamente mejor, con cada día que pasaba (y todo el mundo me decía, tal como suele hacerse con los enfermos, que tenía un aspecto «estupendo»). Todavía experimentaba tremendos paroxismos de sueño, pero me obligaba a trabajar, y corregía las galeradas de mi autobiografía (aun cuando a veces me quedaba dormido a mitad de frase: la cabeza caía pesadamente sobre el escritorio mientras la mano todavía sujetaba la pluma). Esos días posteriores a la embolización habrían sido muy difíciles de soportar sin esa tarea (que también era una alegría).

Al décimo día comencé a mejorar. Por la mañana me sentía fatal, como siempre, pero por la tarde era una persona completamente distinta. Era algo fantástico y totalmente inesperado: nada había presagiado que fuera a ocurrir esa transformación. Recobré algo de apetito, los intestinos comenzaron a funcionar otra vez, y el 28 de febrero y el 1 de marzo experimenté una enorme y deliciosa diuresis, y perdí casi siete kilos en dos días. De repente me encontré lleno de energía física y creativa, y sentí una euforia casi parecida a la hipomanía. Iba y venía por el pasillo de mi edificio de departamentos mientras pensamientos optimistas corrían por mi mente.

No sé hasta qué punto eso era un restablecimiento del equilibrio del cuerpo; hasta qué punto un rebote autónomo tras una profunda depresión autónoma; hasta qué punto concurrían otros factores fisiológicos; y hasta qué punto era la pura alegría de escribir. Pero sospecho que mi nuevo estado y mis nuevas sensaciones se parecían a lo que Nietzsche experimentó tras un periodo de enfermedad, que de manera tan lírica expresó en *La gaya ciencia:*

Continuamente expresas gratitud, como si acabara de ocurrir lo inesperado. Es la gratitud de un convaleciente, pues la convalecencia era inesperada [...]. La alegría por las fuerzas que regresan, por una fe renovada en un mañana o en un pasado mañana, por la repentina sensación de que existe un futuro, por las inminentes aventuras, por los mares que vuelven a abrirse.

EL RÍO DE LA CONCIENCIA

«El tiempo», dice Jorge Luis Borges, «es la sustancia de que estoy hecho. El tiempo es un río que me arrebata, pero yo soy el río.» Nuestros movimientos, nuestros actos, se prolongan en el tiempo, al igual que nuestras percepciones, nuestros pensamientos, el contenido de la conciencia. Vivimos en el tiempo, organizamos el tiempo, somos criaturas del tiempo de pies a cabeza. Pero el tiempo en que vivimos, o mediante el que vivimos, ¿es continuo, como el río de Borges? ¿O es más comparable a una sucesión de momentos discretos, como las cuentas de un collar?

David Hume, en el siglo XVIII, era partidario de la idea de momentos discretos, y para él la mente «no era más que un fajo o colección de percepciones distintas que se suceden con inconcebible rapidez y se hallan en un perpetuo flujo y movimiento».

Para William James, que escribió sus *Principios de psicología* en 1890, la «visión humeana», como él la llamaba, era al mismo tiempo poderosa e irritante. Para empezar, parece contraria a la intuición. En su famoso capítulo sobre «el fluir del pensamiento», James recalcó que, para el que la posee, la conciencia parece ser algo siempre continuo «sin ninguna brecha, ruptura o división», algo nunca «dividido en fragmentos». El contenido de la conciencia puede que cambie continuamente, pero nosotros pasamos de manera fluida de un pensamiento a otro, de una percepción a otra, sin interrupción ni ruptura. Para James, el pensamiento fluía, de ahí la introducción de la expresión «flujo de conciencia». Pero, se preguntaba, «¿es la conciencia realmente discontinua [...] o solo le parece continua a sí misma mediante una ilusión análoga a la del zoótropo?».

Más o menos antes de 1830 (aparte de elaborar algún modelo que funcionara) no había manera de conseguir representaciones o imágenes que tuvieran movimiento. Tampoco se nos había ocurrido a la mayoría que mediante imágenes inmóviles se pudiera transmitir una sensación o ilusión de movimiento. ¿Cómo iban a transmitir movimiento las imágenes si ellas no lo tenían? La mismísima idea era paradójica, una contradicción. Pero el zoótropo demostró que las imágenes individuales se podían fusionar en el cerebro para transmitir una ilusión de movimiento continuo.

Los zoótropos (y muchos otros dispositivos parecidos con diversos nombres) fueron en extremo populares en la época de James, y pocos eran los hogares victorianos de clase media que no disponían de uno. Estos instrumentos contenían un tambor o disco en el que se había pintado o pegado una secuencia de dibujos: «imágenes congeladas» de animales que se movían, juegos de pelota, acróbatas en movimiento o plantas que crecían. Cuando el tambor o disco giraba, los dibujos separados pasaban en rápida sucesión, y a cierta velocidad crítica de repente daban paso a la percepción de una sola imagen en continuo movimiento. Aunque los zoótropos se hicieron populares como juguetes y proporcionaban una ilusión mágica del movimiento, originariamente se habían diseñado (a menudo por científicos o filósofos) para un propósito muy serio: iluminar los mecanismos del movimiento animal y de la propia visión.

Si James hubiera escrito unos años más tarde, quizá habría utilizado la analogía del cine. Una película, con su terso flujo de imágenes temáticamente conectadas, su narrativa visual integrada mediante el punto de vista y los valores de su director, no es una mala metáfora para el flujo de conciencia. Los dispositivos técnicos y conceptuales del cine –el zoom, el fundido, la omisión, la alusión, la asociación y la yuxtaposición de todo tipo– imitan bastante bien la manera en que la conciencia fluye y se desvía de muchas maneras.

Se trata de una analogía que Henri Bergson utilizó en su libro de 1907 *La evolución creadora,* en el que dedicó toda una sección a «El mecanismo cinematográfico del pensamiento y la ilusión mecanicista». Pero cuando Bergson hablaba de «cinematografía» como un mecanismo elemental del cerebro y la mente, era, para él, un tipo muy especial de cinematografía, en la que las «instantáneas» no eran aislables una de otra, sino que estaban orgánicamente conectadas. En *Tiempo y libre albedrío* escribió que dichos momentos perceptivos «se permean uno a otro», «se fusionan» uno con otro, al igual que las notas de una melodía (en oposición a la «vacía sucesión de golpes del metrónomo»).

James también escribió acerca de la conexión y la articulación, y para él esos momentos quedaban conectados por toda la trayectoria y tema de una vida:

> El conocimiento de alguna otra parte del flujo, pasado o futuro, cercano o remoto, siempre se mezcla con nuestro conocimiento de lo presente.
>
> [...] El perdurar de objetos antiguos, la llegada de otros nuevos, son los gérmenes de la memoria y la expectativa,

la idea retrospectiva y prospectiva del tiempo. Le da a la conciencia esa continuidad sin la cual no se podría denominar flujo.

En el mismo capítulo sobre la percepción del tiempo, James cita una fascinante reflexión de James Mill (el padre de John Stuart Mill) en el sentido de qué podría ser la conciencia si fuera algo discontinuo, sensaciones de imágenes parecidas a un collar de cuentas, todas separadas:

> Tan solo podríamos conocer el momento presente. En cuanto cada una de nuestras sensaciones cesara, desaparecería para siempre, y nos quedaríamos como si nunca hubiera ocurrido [...] seríamos totalmente incapaces de adquirir experiencia.

James se pregunta si la existencia sería incluso posible en estas circunstancias, con la conciencia reducida a «una chispa de luciérnaga [...] y todo lo que hay más allá en completa oscuridad». Esta es precisamente la situación de alguien que padece amnesia, aunque aquí el «momento» podría durar unos cuantos segundos. Cuando describí a mi paciente amnésico Jimmie, el «marinero perdido», en *El hombre que confundió a su mujer con un sombrero,* escribí:

> Se halla [...] aislado en un solo momento de la existencia, rodeado de un foso o laguna de olvido [...]. Es un hombre sin pasado (ni futuro), estancado en un momento sin sentido que cambia constantemente.

¿Acaso James y Bergson estaban intuyendo una verdad al comparar la percepción visual –y de hecho el propio flujo de conciencia– con mecanismos como los zoótropos y las cámaras de cine? ¿Es posible que el ojo-cerebro «saque» fotografías perceptivas y de alguna manera las fusione para dar una sensación de continuidad y movimiento? En los años en que vivieron no parecía que fuera a surgir ninguna respuesta.

Existe una alteración neurológica poco común pero dramática que algunos de mis pacientes han experimentado durante un ataque de migraña: cuando pierden la sensación de la continuidad visual y el movimiento, y en lugar de eso ven una serie parpadeante de «fotogramas». A veces estos fotogramas son nítidos y bien definidos, y se suceden uno a otro sin sobreponerse ni solaparse. Pero lo más común es que sean algo borroso, como una imagen fotográfica que ha estado expuesta demasiado tiempo; persiste lo suficiente para que cada una sea aún visible cuando aparece el siguiente «fotograma», de manera que es probable que se superpongan tres o cuatro fotogramas, y que los primeros se vean cada vez menos. (Este efecto se parece a algunas de las «cronofotografías» de Étienne-Jules Marey de la década de 1880, en las que uno ve todo un conjunto de momentos o periodos temporales fotográficos en una sola placa.)[1]

1. Étienne-Jules Marey en Francia, al igual que Eadweard Muybridge en los Estados Unidos, fueron pioneros en el desarrollo de fotografías instantáneas tomadas en rápida sucesión. Aunque estas se podían colocar alrededor del tambor de un zoótropo para proporcionar una breve «película», también podían utilizarse para descomponer el movimiento, para investigar la organización temporal y biodinámica del movimiento humano y animal. Eso era lo que más le interesaba a Marey en cuanto fisiólogo, y a ese fin prefería superponer las imágenes –doce o veinte imágenes tomadas en un segundo– sobre una sola placa. Esas fotografías compuestas, de hecho, capturan un intervalo temporal, y de ahí que se llamen «cronofotografías». Las fotografías de Marey se

Dichos ataques son breves y poco frecuentes, y no resulta fácil predecirlos ni provocarlos, razón por la cual no he podido encontrar ningún relato satisfactorio del fenómeno en la literatura médica. Cuando escribí acerca de ellos en mi libro de 1970 *Migraña,* les apliqué el término «visión cinematográfica», pues los pacientes siempre los comparaban con una película que iba demasiado lenta. Observé que la velocidad de parpadeo en estos episodios parecía estar entre seis y doce imágenes por segundo. En los casos de delirio de migraña, también parece ocurrir un parpadeo de formas o alucinaciones caleidoscópicas. (En este caso el parpadeo se podía acelerar para recuperar el aspecto del movimiento normal.)

Se trataba de un asombroso fenómeno visual para el que, en la década de 1960, no existía ninguna explicación fisiológica fundada. Pero yo no podía evitar preguntarme si la percepción visual, de alguna manera muy real, podía ser análoga a la cinematografía, y captar el entorno visual en imágenes breves, instantáneas y estáticas, o «fotogramas», que luego, en condiciones normales, fusionaba para proporcionar a la conciencia visual su movimiento y continuidad habitual, una fusión que, al parecer, no se daba en las condiciones muy anormales de esos ataques de migraña.

Dichos efectos visuales también podrían darse en ciertos ataques, así como en la embriaguez (sobre todo con aluci-

---

convirtieron en el modelo para todos los posteriores estudios científicos y fotográficos del movimiento, y la cronofotografía se convirtió en inspiración para algunos artistas (recordemos el famoso *Desnudo descendiendo una escalera* de Duchamp, al que el propio Duchamp se refería como «una imagen estática del movimiento»).

Marta Braun analiza la obra de Marey en su fascinante monografía *Picturing Time,* y Rebecca Solnit estudia a Muybridge y sus influencias en *River of Shadows: Eadweard Muybridge and the Technological Wild West.*

nógenos como el LSD). Y también podían ocurrir otros efectos visuales insólitos. Los objetos en movimiento podían dejar una estela o mancha a su paso, las imágenes podían repetirse, y las imágenes persistentes podían llegar a prolongarse enormemente.[1]

Escuché relatos parecidos a finales de la década de 1960, cuando algunos de mis pacientes posencefalíticos «despertaron», especialmente sobrexcitados después de tomar la droga L-dopa. Algunos pacientes describieron visiones cinemáticas; otros extraordinarias «fotos fijas» que a veces duraban horas, y en las que el flujo visual se había detenido, e incluso el flujo de movimiento, de acción y del propio pensamiento.

Estas fotos fijas eran algo especialmente exagerado en el caso de Hester Y. En una ocasión me llevaron al pabellón porque la señora Y. había abierto el grifo de la bañera y el agua se desbordaba por el cuarto de baño. Me la encontré completamente inmóvil en mitad de la inundación.

Dio un respingo cuando la toqué, y me preguntó:

«¿Qué ha pasado?»

«Dígamelo usted», respondí.

Dijo que había abierto el grifo de la bañera y que debía de haber tres dedos de agua..., y cuando la toqué de repente comprendió que la bañera debía de haber rebosado e

1. Es algo que yo mismo he experimentado después de beber sakau, una sustancia popular en Micronesia que produce embriaguez. Relaté algunos de los efectos en un diario, y posteriormente en mi libro *La isla de los ciegos al color:* «Unos pétalos fantasma irradiaban de una flor que había en nuestra mesa, como si fueran un halo; cuando se mueve [...] deja un ligero rastro, una mancha visual [...] a su paso. Al observar el agitarse de una palmera, veo una sucesión de fotogramas, como una película que avanza demasiado lenta y ya no mantiene su continuidad.»

inundado el baño. Se había quedado inmovilizada, paralizada, en ese momento perceptivo en el que apenas había tres dedos de agua en la bañera.

Esas fotos fijas demostraban que la conciencia podía detenerse durante largos periodos mientras una función automática y no consciente –el mantenimiento de la postura o la respiración, por ejemplo– continuaban como antes.

Otro ejemplo sorprendente de foto fija perceptiva podría demostrarse con una ilusión visual muy conocida, el cubo de Necker. Normalmente, cuando contemplamos este ambiguo dibujo en perspectiva de un cubo, la perspectiva cambia cada pocos segundos, y al principio parece proyectarse y luego retroceder, y no hay esfuerzo de voluntad que pueda impedir este avance o retroceso constantes. El propio dibujo no cambia, ni tampoco la imagen de la retina. El cambio es un proceso puramente cortical, un conflicto de la propia conciencia, que vacila entre las posibles interpretaciones perceptivas. Este cambio se observa en todos los sujetos normales, y resulta visible con la producción de imágenes cerebrales funcionales. Un paciente posencefalítico sometido al estado de foto fija podría ver la misma perspectiva inmutable durante minutos u horas seguidas.[1]

1. Tal como investigo en mi libro *Musicofilia,* la música, con su ritmo y su fluir, puede resultar de crucial importancia en los momentos en que los pacientes se quedan paralizados, permitiéndoles reanudar su flujo de movimiento, percepción y pensamiento. La música a veces parece actuar como una especie de modelo o plantilla para la sensación de tiempo y movimiento que dichos pacientes han perdido de manera temporal. Así, un paciente parkinsoniano, en mitad de un episodio de foto fija, podría conseguir moverse, incluso bailar, cuando suena la música. Los neurólogos, de manera intuitiva, utilizan en estos casos términos musicales, y se refieren al parkinsonismo como un «tartamudeo cinético» y al movimiento normal como «melodía cinética».

Al parecer, el flujo normal de la conciencia no solo podía fragmentarse, dividirse en pequeños fragmentos parecidos a instantáneas, sino que también quedaba suspendido de manera intermitente durante horas seguidas. Esto me parecía aún más desconcertante y misterioso que la visión cinemática, pues desde la época de William James se había aceptado casi como un axioma que la conciencia, en su mismísima naturaleza, cambia y fluye constantemente. Ahora mi propia experiencia clínica arrojaba dudas sobre ese mismo hecho.

Y aunque fue algo que no me pilló de improviso, me quedé aún más fascinado cuando, en 1983, Josef Zihl y sus colegas de Múnich publicaron un caso, descrito con todo detalle, de ceguera al movimiento: se trataba de una mujer que, después de un ictus, quedó totalmente incapaz de percibir el movimiento. (El ictus le dañó zonas altamente específicas de la corteza visual que, tal como han demostrado los fisiólogos en animales experimentales, son fundamentales para la percepción del movimiento.) En esa paciente, a la que llaman L. M., había «fotos fijas» que duraban varios segundos, durante las cuales la señora M. veía una imagen prolongada y carente de movimiento, y tampoco percibía visualmente el movimiento que la rodeaba, aunque, por lo demás, el flujo del pensamiento y la percepción era normal. A lo mejor iniciaba una conversación con un amigo situado delante de ella y era incapaz de ver el movimiento de los labios de su amigo ni el cambio de sus expresiones faciales. Y si el amigo se colocaba detrás de ella, la señora M. podría seguir «viéndolo» delante, aun cuando la voz ahora llegara desde atrás. Podría ver un coche «paralizado» a considerable distancia, pero luego, cuando se disponía a cruzar la calle, se daba cuenta de que lo tenía casi encima. Veía un «glaciar», un arco de té congelado que brotaba del pitorro de la tetera, hasta que se daba cuenta de que había llenado la taza a rebosar y ahora había un charco de té sobre la mesa. Se trataba de una afección totalmente desconcertante y a veces bastante peligrosa.

Existían claras diferencias entre la visión cinemática y el tipo de ceguera al movimiento descrito por Zihl, y quizá entre estos y las fotos fijas muy prolongadas y a veces globales experimentadas por algunos pacientes posencefalíticos. Estas diferencias implicaban que debían de existir algunos mecanismos o sistemas distintos para la percepción del movimiento visual y la continuidad de la conciencia visual, algo que coincide con las pruebas obtenidas en experimentos perceptivos y psicológicos. Algunos de estos mecanismos, o todos, podrían no funcionar como deberían en casos de embriaguez, en algunos ataques de migraña y en algunos casos de daño cerebral, pero ¿pueden aparecer también en estados normales?

Nos viene a la memoria un ejemplo evidente, que muchos de nosotros hemos visto y que nos ha dado que pensar mientras contemplamos cualquier objeto que gira de manera uniforme –un ventilador, una rueda, una hélice–, o cuando pasamos junto a una cerca o empalizada, cuando la continuidad normal del movimiento parece quedar interrumpida. De vez en cuando me ocurre que, al tumbarme en la cama y mirar el ventilador del techo, durante unos segundos las aspas parecen girar de repente en dirección contraria, para luego volver a girar hacia delante de manera igual de repentina. A veces parece que el ventilador se mantiene inmóvil en el aire, y a veces es como si le hubieran salido aspas adicionales o unas franjas oscuras más anchas que las aspas.

Es parecido a lo que ocurre en una película cuando las ruedas de la diligencia a veces dan la impresión de girar lentamente hacia atrás o de que apenas se mueven. Este efecto de rueda de carro, tal como se le llama, refleja una falta de sincronización entre la velocidad de filmación y la de las ruedas que giran. Pero puedo ver un efecto de rueda de carro en la vida real cuando miro mi ventilador mientras el sol de la mañana inunda la habitación, bañándolo todo con una luz uniforme y continua. ¿Se da entonces algún parpadeo o falta de sincronización en mis propios mecanismos perceptivos, algo análogo, de nuevo, a la acción de una cámara de cine?

Dale Purves y sus colegas han examinado efectos de rueda de carro con gran detalle, y han confirmado que este tipo de ilusión o percepción errónea es universal entre sus sujetos. Tras excluir cualquier otra causa de discontinuidad (iluminación intermitente, movimientos del ojo, etc.), concluyen que el sistema visual procesa la información «en episodios secuenciales», a una velocidad de entre tres y veinte episodios por segundo. Normalmente, estas imágenes secuenciales se experimentan como un flujo perceptivo ininterrumpido. De hecho, sugiere Purves, puede que las películas nos parezcan convincentes precisamente porque nosotros mismos dividimos el tiempo y la realidad de manera muy parecida a como lo hace la cámara de cine, en fotogramas discretos, que luego reunimos en un flujo aparentemente continuo.

En opinión de Purves, es precisamente esta descomposición de lo que vemos en una sucesión de momentos lo que permite al cerebro detectar y computar el movimiento, pues todo lo que tiene que hacer es observar cómo difieren las posiciones de los objetos entre «fotogramas» sucesivos, y a partir de ahí calcular la dirección y velocidad del movimiento.

Pero esto no es suficiente. No calculamos tan solo el movimiento como podría hacer un robot; nosotros lo *percibimos*. Percibimos el movimiento, al igual que percibimos el color o la profundidad, como una experiencia cualitativa única que resulta vital para nuestra conciencia y consciencia visual. Algo que está más allá de nuestro entendimiento tiene lugar en la génesis de los qualia, la transformación de una computación cerebral objetiva en una experiencia subjetiva. Los filósofos no han dejado de discutir acerca de cómo ocurren estas transformaciones y si alguna vez seremos capaces de comprenderlas.

James imaginó un zoótropo como metáfora del cerebro consciente, y Bergson lo comparó a la cinematografía, aunque, de manera inevitable, no eran más que imágenes y analogías provisionales. Hasta los últimos veinte o treinta años la neurociencia no ha sido capaz de empezar a abordar cuestiones como la base neuronal de la conciencia.

Si antes de la década de 1970 el estudio neurocientífico de la conciencia era un tema casi intocable, ahora se ha convertido en una preocupación central que ocupa a científicos de todo el mundo. Se explora cada nivel de conciencia, desde los mecanismos perceptivos más elementales (mecanismos que poseemos en común con muchos animales) hasta las zonas superiores de la memoria, la imaginería y la conciencia autorreflexiva.

¿Es posible definir los procesos complejos casi inconcebibles que forman los correlatos neurales del pensamiento y la conciencia? Debemos imaginar, si somos capaces, que en nuestro cerebro, con sus cientos de miles de millones de neuronas, cada una de ellas con mil conexiones sinápticas o más, en cuestión de fracciones de segundo podrían surgir o seleccionarse un millón y pico de grupos o coaliciones rurales, cada uno con mil o diez mil neuronas. (Edelman se refiere aquí a las magnitudes «hiperastronómicas» implicadas.) Todas estas coaliciones, al igual que los «millones de fulgurantes lanzaderas» en el telar encantado de Sherrington, se hallan en comunicación entre sí, tejiendo muchas veces por segundo sus dibujos continuamente cambiantes pero siempre significativos.

No podemos ni comenzar a imaginarnos su densidad y diversidad, las capas superpuestas del flujo de conciencia que se influyen mutuamente a medida que discurre, cambiando constantemente a través de la mente. Ni el arte más excelso –ya sea el cine, el teatro o la narrativa literaria– es capaz de llegar a insinuar cómo es realmente la conciencia humana.

Ahora es posible monitorizar al mismo tiempo las actividades de un centenar o más de neuronas individuales en el cerebro, y hacerlo en animales sin anestesiar a los que se encargan tareas mentales y perceptivas sencillas. Podemos examinar la actividad e interacciones de grandes zonas del cerebro mediante técnicas de producción de imágenes, como la resonancia magnética funcional y la tomografía por emisión de positrones, unas técnicas no invasivas que se pueden utilizar con seres humanos para ver qué áreas del cerebro se activan en actividades mentales complejas.

Además de los estudios fisiológicos, nos encontramos con el ámbito relativamente nuevo de la modelación neuronal computarizada, que utiliza poblaciones o redes de neuronas virtuales y observa su respuesta a diversos estímulos y restricciones.

Todos estos enfoques, junto con conceptos de los que no disponían las generaciones anteriores, ahora se combinan para convertir la búsqueda de los correlativos neuronales de la conciencia en la aventura más importante y excitante de la neurociencia actual. Una innovación básica ha sido el pensamiento poblacional, pensar en términos que tengan en cuenta la inmensa población de neuronas del cerebro y la capacidad de la experiencia para alterar de manera diferencial las fuerzas de las conexiones entre ellas, y para fomentar la formación de grupos o constelaciones funcionales de neuronas por todo el cerebro, grupos cuyas interacciones sirven para categorizar la experiencia.

En lugar de ver el cerebro como algo rígido y fijo, programado como un ordenador, impera ahora la idea mucho más biológica y poderosa de la «selección experiencial», de que la experiencia literalmente conforma la conectividad y función del cerebro (dentro de unos límites genéticos, anatómicos y fisiológicos).

Dicha selección de grupos neuronales (grupos formados quizá por mil neuronas individuales más o menos) y su efecto a la hora de conformar el cerebro a lo largo de la vida de un individuo, se considera algo análogo al papel de la selección natural en la evolución de las especies; de ahí que Gerald M. Edelman, pionero de dicha idea en la década de 1970, hable de «darwinismo neuronal». Jean-Pierre Changeux, más interesado en las conexiones de las neuronas individuales, habla del «darwinismo de las sinapsis».

El propio William James insistía siempre en que la conciencia no es una «cosa», sino un «proceso». La base neuronal de estos procesos, para Edelman, es de interacción dinámica entre grupos neuronales en diferentes zonas de la corteza, así como entre la corteza y el tálamo y otras partes del cerebro. Edelman considera que la conciencia surge de la enorme cantidad de interacciones recíprocas entre los sistemas de memoria de las partes anteriores del cerebro y los sistemas relacionados con la categorización perceptiva de las partes posteriores del cerebro.[1]

Francis Crick y su colega Christof Koch también han sido pioneros en el estudio de la base neuronal de la conciencia. Desde su primer trabajo en colaboración, en la década de 1980, se han centrado cada vez más en la percepción visual elemental y sus procesos, pues consideran que el cerebro visual es el más manejable para la investigación, y podría servir como modelo para investigar y comprender formas cada vez superiores de la conciencia.[2]

En un sinóptico ensayo de 2003 titulado «A Framework for Consciousness», Crick y Koch reflexionaban acerca de los

1. Los paradigmas o conceptos, por originales que sean, nunca salen completamente de la nada. Mientras que el pensamiento poblacional en relación con el cerebro no aparece hasta la década de 1970, encontramos un importante antecedente veinticinco años antes: el famoso libro de Donald Hebb, publicado en 1949, *Organización de la conducta.* Hebb pretendía sortear el gran abismo existente entre la neurofisiología y la psicología con una teoría general que pudiera relacionar los procesos neuronales con los mentales, y, sobre todo, mostrar cómo la experiencia podía modificar el cerebro. Hebb consideraba que el potencial para la modificación se encontraba en las sinapsis que conectaban las neuronas entre sí. La concepción original de Hebb pronto quedó confirmada y allanó el terreno para nuevas maneras de pensar. Ahora sabemos que una sola neurona cerebral puede tener hasta diez mil sinapsis, y que el cerebro en su totalidad pude llegar hasta cien billones, de manera que la capacidad de modificación es prácticamente infinita. Todos los neurocientíficos que ahora reflexionan acerca de la conciencia están, por tanto, en deuda con Hebb.

2. Koch nos ofrece una historia personal y vívida de su trabajo y de la búsqueda de la base neural de la conciencia en general en su libro *La consciencia: una aproximación neurobiológica.*

correlatos neurales de la percepción del movimiento, de cómo se percibe o se construye la continuidad visual, y, por extensión, la aparente continuidad de la propia conciencia. Propusieron que «la conciencia consciente [para la visión] está compuesta de una serie de instantáneas estáticas en las que el movimiento está "pintado" en ellas [...] [y] que la percepción se da en épocas discretas». Me quedé estupefacto la primera vez que leí este párrafo, puesto que su formulación parecía basarse en la misma idea de la conciencia que James y Bergson habían insinuado un siglo antes, y en la misma idea que yo había tenido en mente desde que oí hablar por primera vez de visión cinemática a mis pacientes de migraña en la década de 1960. Sin embargo, aquí había algo más, un posible sustrato para la conciencia basado en la actividad neuronal.

Las «instantáneas» que Crick y Koch postularon no son uniformes, como las cinemáticas. En su opinión, no es probable que la duración de instantáneas sucesivas sea constante; además, el tiempo que necesita una instantánea para la forma, por ejemplo, puede no coincidir con el que necesita para el color. Mientras que este mecanismo «fotográfico» para los inputs sensoriales visuales probablemente sea bastante simple y automático, un mecanismo neural de orden relativamente bajo, cada percepción debe incluir un gran número de atributos visuales, todos los cuales se combinan en un nivel preconsciente.[1]

1. Una hipótesis para explicar los mecanismos de combinación entraña la sincronización de la descarga neuronal en una variedad de áreas sensoriales. A veces puede no ocurrir, y Crick cita un ejemplo cómico en su libro de 1994 *La búsqueda científica del alma:* «Un amigo que caminaba por una concurrida calle "vio" a un colega, y estaba a punto de dirigirse a él cuando se dio cuenta de que la barba negra pertenecía a otro transeúnte y la cabeza calva y las gafas a otro.»

Así pues, ¿cómo se «ensamblan» las diversas instantáneas para alcanzar esa continuidad aparente, y cómo alcanzan el nivel de la conciencia?

Mientras que la percepción de un movimiento concreto (por ejemplo) podría estar representada por la descarga neuronal a una velocidad concreta en los centros de movimiento de la corteza visual, esto no es más que el comienzo de un proceso elaborado. Para alcanzar la conciencia, esta descarga neuronal, o una representación superior de esta, debe cruzar cierto umbral de intensidad y mantenerse por encima de él; la conciencia, para Crick y Koch, es un fenómeno umbral. Para conseguirlo, este grupo de neuronas debe conectar con otras partes del cerebro (generalmente los lóbulos frontales) y aliarse con millones de otras neuronas para formar una «coalición». Su idea es que estas coaliciones pueden formarse y disolverse en una fracción de segundo, e involucrar conexiones recíprocas entre la corteza visual y muchas otras zonas del cerebro. Estas coaliciones neuronales de diferentes partes del cerebro hablan entre sí en una continua interacción de ida y vuelta. De este modo, una sola percepción visual consciente puede entrañar la actividad de miles de millones de células nerviosas en paralelo que se influyen mutuamente.

Finalmente, la actividad de una coalición, o coalición de coaliciones, para alcanzar la conciencia no solo debe cruzar un umbral de intensidad, sino mantenerse ahí durante cierto tiempo, más o menos unos cien milisegundos. Esta es la duración de un «momento perceptivo».[1]

1. El término «momento perceptivo» fue utilizado por primera vez por el psicólogo J. M. Stroud en la década de 1950 en su artículo «The Fine Structure of Psychological Time». El momento perceptivo representaba para él el «grano» del tiempo psicológico, lo que se tarda-

Para explicar la aparente continuidad de la conciencia visual, Crick y Koch sugieren que una de las propiedades de la actividad de la coalición es la «histéresis», es decir, una persistencia que dura más allá del estímulo. En cierto modo, esta idea es muy parecida a las teorías de la «persistencia de la visión» propuestas en el siglo XIX.[1] En su obra de 1860 *Tratado de óptica fisiológica,* Hermann von Helmholtz escribe: «Lo único que hace falta es que la repetición de la impresión sea lo bastante rápida para que el efecto posterior de la impresión no se apague antes de la llegada del siguiente.» Helmholtz y sus contemporáneos suponían que este efecto posterior se daba en la retina, pero para Crick y Koch ocurre en las coaliciones de neuronas de la corteza. La sensación de continuidad, en otras palabras, resulta del continuo solapamiento de momentos perceptuales sucesivos. Es posible que las formas de visión cinematográfica que he descrito –con imágenes claramente diferenciadas u otras borrosas que se solapan– representen anormalidades de la

---

ba (más o menos una décima de segundo, calculó en sus experimentos) en integrar la información sensorial en una unidad. Pero, tal como observaron Crick y Koch, la hipótesis del «momento perceptivo» de Stroud fue prácticamente ignorada durante medio siglo.

1. En su delicioso libro *A Natural History of Vision,* Nicholas Wade cita a Séneca, Ptolomeo y otros autores clásicos, que, al observar que si movíamos rápidamente en círculo una antorcha encendida parecía formar un continuo anillo de fuego, comprendieron que las imágenes visuales debían de tener una considerable duración o persistencia (o, en expresión de Séneca, una «lentitud» de visión). En 1765 se llevó a cabo una medición impresionantemente exacta de esta duración –8/60 de segundo–, pero hasta el siglo XIX la persistencia de la visión no se explotó de manera sistemática en instrumentos como el zoótropo. Parece ser, también, que ilusiones de movimiento parecidas al efecto rueda de carro eran bien conocidas hace ya dos mil años.

excitabilidad de las coaliciones, con demasiada o demasiado poca histéresis.[1]

La visión, en circunstancias normales, es un proceso continuo, y no da ninguna pista de los procesos subyacentes en los que se basa. Hay que descomponerla, de manera experimental o en trastornos neurológicos, para mostrar los elementos que la componen. Las imágenes parpadeantes, perseverantes y borrosas en el tiempo que se experimentan en ciertas embriagueces o en fuertes migrañas otorgan credibilidad a la idea de que la conciencia se compone de momentos discretos.

Sea cual sea el mecanismo, la fusión de fotogramas o instantáneas visuales discretas es un prerrequisito de la continuidad, de una conciencia fluida y móvil. Dicha conciencia dinámica probablemente surgió por primera vez en los reptiles hace doscientos cincuenta millones de años. Parece probable que dicho flujo de conciencia no exista en los anfibios. Una rana, por ejemplo, no exhibe atención activa y no sigue visualmente los sucesos. La rana no posee un mundo visual ni una conciencia visual tal como la conocemos, sino tan solo una capacidad puramente automática de reconocer un objeto en forma de insecto cuando entra en su campo visual y de reaccionar lanzándole la lengua. No examina los alrededores ni busca una presa.

Si una conciencia dinámica y fluida permite, en su nivel inferior, una exploración u observación visual activa y continua, a nivel superior permite la interacción de la percepción de la memoria, del pasado y el presente. Y dicha conciencia

1. Crick y Koch sugieren (comunicación personal) una explicación alternativa: que la sensación borrosa y la persistencia de las instantáneas se debe a que llegan a la memoria a corto plazo (o a un búfer de memoria visual a corto plazo) y a partir de ahí decaen lentamente.

«primaria», tal como la denomina Edelman, resulta enormemente eficaz, enormemente adaptativa, en la lucha por la vida.

En su libro *Wider Than the Sky: The Phenomenal Gift of Consciousness,* Edelman escribe:

> Imaginemos un animal con conciencia primaria en la jungla. Oye un leve gruñido, y al mismo tiempo el viento cambia de dirección y la luz comienza a menguar. Rápidamente echa a correr hacia un lugar más seguro. Un físico podría no ser capaz de detectar ninguna relación causal entre dichos sucesos. Pero para un animal con conciencia primaria, esa misma serie de sucesos simultáneos podría haber constituido una experiencia anterior que incluiría la aparición de un tigre. La conciencia ha permitido la integración de la escena presente en la historia anterior de la experiencia consciente del animal, y esa integración posee un valor de supervivencia, aparezca el tigre o no.

Desde esa conciencia primaria relativamente simple saltamos a la conciencia humana, con la aparición del lenguaje y la conciencia de uno mismo, y una sensación explícita de pasado y futuro. Y esto es lo que otorga una continuidad temática y personal a la conciencia de cada individuo. Mientras escribo estas líneas estoy sentado en un café de la Séptima Avenida viendo pasar el mundo. Mi atención va de una cosa a la otra: pasa una chica con un vestido rojo, un hombre pasea un perro gracioso, el sol (¡por fin!) sale de entre las nubes. Pero también hay otras sensaciones que parecen surgir solas: el ruido de un coche que petardea, el viento me trae un olor a humo de cigarrillo cuando alguien enciende uno a mi lado. Todos estos sucesos captan mi atención durante un momento mientras duran. ¿Por qué, de entre los miles de posibles percepciones, me fijo en estas? Detrás de ellas hay reflexiones, recuerdos, asociaciones. Pues la conciencia es siempre activa y selectiva: está cargada de sensaciones y significados que son solo nuestros, que conforman nuestras elecciones y fusionan nuestras percepciones. Así, lo que yo veo no es solo la Séptima Avenida, sino *mi* Séptima Avenida, marcada por mi propio yo y mi propia identidad.

Christopher Isherwood comienza su «Diario de Berlín» con una metáfora fotográfica extendida: «Soy una cámara con el obturador abierto, más bien pasiva, que registra cosas sin pensar. Registro al hombre que se afeita en la ventana de delante y a la mujer enfundada en un kimono que se lava el pelo. Algún día todo esto se llevará a revelar, se positivará concienzudamente, quedará fijado.» Pero nos engañamos si imaginamos que siempre podemos ser observadores pasivos e imparciales. Cada percepción, cada escena, está conformada por nosotros, lo pretendamos o no, lo sepamos o no. Somos los directores de la película que estamos rodando, pero también somos su tema: cada fotograma, cada momento, somos nosotros, es nuestro.

Pero, entonces, ¿cómo se mantienen unidos nuestros fotogramas, nuestros momentos momentáneos? ¿Cómo, si todo es transitorio, alcanzamos la continuidad? Nuestros efímeros pensamientos, tal como afirma William James (en una imagen de la década de 1880 que evoca la vida de los vaqueros), no deambulan por ahí como ganado salvaje. Cada uno tiene su propietario y lleva su marca, y cada pensamiento, en palabras de James, nace propietario de los pensamientos que lo precedieron, y «muere poseído, transmitiendo todo lo que reconoció como su Yo a su propietario posterior».

De manera que no se trata tan solo de momentos perceptivos, de simples momentos fisiológicos –aunque estos subyacen a todo lo demás–, sino de momentos esencialmente personales que parecen constituir nuestro mismísimo ser. Finalmente, pues, coincidimos con la imagen de Proust, levemente evocadora de la fotografía, de que no somos más que «una colección de momentos», aun cuando estos fluyan sin interrupción como el río de Borges.

EL ESCOTOMA: NEGLIGENCIA Y OLVIDO EN LA CIENCIA

Podríamos analizar la historia de las ideas hacia delante o hacia atrás: podemos retroceder a las primeras fases, los presentimientos, a cuando nos anticipamos a lo que pensamos ahora; o podemos concentrarnos en la evolución, en los efectos e influencias de lo que antaño pensamos. En cualquiera de los dos casos, podemos imaginar que la historia se nos revelará como un continuo, un avance, un inicio igual que el árbol de la vida de Darwin. No obstante, lo que uno encuentra a menudo está muy lejos de ser un majestuoso despliegue, y muy lejos de ser un continuo en ningún sentido.

Comencé a comprender lo escurridiza que puede llegar a ser la historia de la ciencia cuando conocí mi primer amor científico: la química. Recuerdo vivamente que de niño leí una historia de la química y aprendí que lo que ahora llamamos oxígeno había sido prácticamente descubierto en la década de 1670 por John Mayow, un siglo antes de que Scheele y Priestley lo identificaran. Mayow, gracias a concienzudos experimentos, demostró que aproximadamente una quinta parte del aire que respiramos está formado por una sustancia necesaria tanto para la combustión como para la respiración (la llamó «espíritu nitro-aéreo»). Y sin embargo, el clarividente trabajo de Mayow, aunque muy leído en su época, quedó un tanto olvidado y oscurecido por la teoría rival del flogisto, que prevaleció durante otro siglo hasta que Lavoisier por fin la rebatió en la década de 1780. Mayow había muerto cien años antes, a los treinta y nueve. «De haber vivido un poco más», escribió el autor de esa historia, F. P. Armitage, «poca duda cabe de que se habría adelantado a la obra revolucionaria de Lavoisier, y liquidado la teoría del flogisto nada más nacer.» ¿Nos encontramos ante una exaltación romántica de John Mayow, ante una lectura romántica y errónea de la estructura de la empresa científica, o la historia de la química podría haber sido por completo distinta, tal como sugería Armitage?[1]

1. Armitage, antiguo profesor de mi instituto, publicó su libro en 1906 para estimular el entusiasmo de los escolares eduardianos, y ahora, visto con ojos distintos, me parece que tenía un tonillo un tanto romántico y patriotero, pues insistía en que fue el inglés, y no el francés, quien descubrió el oxígeno.

William Brock, en su *Historia de la química,* ofrece una perspectiva diferente. «A los primeros historiadores de la química les gustaba descubrir un estrecho parecido entre la explicación de Mayow y la posterior teoría de la calcinación del oxígeno», escribe. Pero Brock pone énfasis en que dichos parecidos «son superficiales, pues la teoría de Mayow era una teoría mecánica, no química, de la combustión. [...] Señalaba un retorno a un mundo dualista de principios y poderes ocultos».

Todos los grandes innovadores del siglo XVII, sin excluir a Newton, todavía tenían un pie en el mundo medieval de la alquimia, la hermética y lo oculto, y de hecho, en el caso de Newton, su interés por la alquimia y lo esotérico continuó hasta el final de su vida. (Un hecho en gran medida olvidado hasta que John Maynard Keynes lo sacó a la luz de manera sorprendente en su ensayo de 1946 «Newton, el hombre», pero el solapamiento de lo «moderno» y lo «oculto» en el clima de la ciencia del siglo XVII ahora se acepta sin discusión.)

Semejante olvido o negligencia de la historia no es infrecuente en la ciencia; lo pude ver por mí mismo cuando era un joven neurólogo que empezaba a trabajar en una clínica de cefaleas. Mi trabajo consistía en llevar a cabo el diagnóstico –migraña, cefalea por tensión, lo que fuera– y prescribir un tratamiento. Pero no podía limitarme a eso, ni tampoco muchos de los pacientes a los que visitaba. A menudo me contaban, o yo observaba, otros fenómenos: a veces inquietantes, a veces intrigantes, pero que no formaban estrictamente parte del cuadro médico, y que tampoco eran necesarios para realizar el diagnóstico.

A menudo una migraña visual clásica viene precedida de una así llamada aura, en la que el paciente a veces ve zigzags vivos y centelleantes que cruzan poco a poco su campo de visión. Es algo que ha sido perfectamente descrito y comprendido. Pero más rara vez los pacientes me hablaban de complejos dibujos geométricos que aparecían en lugar de los zigzags, o además de estos: retículas, espirales, embudos y telarañas que constantemente cambiaban, giraban y se modulaban. Cuando investigué en la bibliografía existente en aquel momento no encontré ninguna mención a ese fenómeno. Desconcertado, decidí consultar libros del siglo XIX, que son mucho más completos, mucho más realistas, con descripciones mucho más gráficas, que los modernos.

Mi primer descubrimiento tuvo lugar en la sección de libros raros de la biblioteca de nuestra facultad (todos los que habían sido escritos antes de 1900 contaban como «raros»): un libro extraordinario sobre la migraña escrito en la década de 1860 por un médico victoriano, Edward Liveing. Contaba con un título largo y maravilloso: *On Megrim, Sick-Headache, and Some Allied Disorders: A Contribution to the Pathology of Nerve-Storms,* y era un libro espléndido y lleno de digresiones, claramente escrito en una época mucho más ociosa y menos rígidamente constreñida que la nuestra. Se detenía fugazmente en los dibujos geométricos complejos que muchos de mis pacientes habían descrito, y me remitió a un ensayo de 1858, «On Sensorial Vision», de John Frederick Herschel, un eminente astrónomo. Tuve la impresión de que por fin había dado con un filón. Herschel ofrecía unas descripciones meticulosas y elaboradas de los mismísimos fenómenos que habían descrito mis pacientes; él mismo los había experimentado, y aventuraba algunas profundas reflexiones sobre su posible naturaleza y origen. Consideraba que podía presentar «una especie de facultad caleidoscópica» en el sensorio, una facultad mental generadora, prepersonal y primitiva, las primeras fases, incluso los precursores, de la percepción.

No conseguí encontrar ninguna descripción adecuada de esos «espectros geométricos», tal como los denominaba Herschel, en todo el siglo transcurrido entre sus observaciones y las mías, y sin embargo tenía claro que quizá una persona de cada veinte afectadas de migraña visual los experimentaba de vez en cuando. ¿Cómo era posible que esos fenómenos –unos patrones sorprendentes, enormemente característicos e inconfundiblemente alucinatorios– hubieran pasado tanto tiempo inadvertidos?

Para empezar, alguien tiene que hacer una observación y relatarla. En 1858, el mismo año en que Herschel informaba de sus «espectros», el neurólogo francés Guillaume Duchenne publicaba una detallada descripción de un muchacho que padecía lo que ahora llamamos distrofia muscular, y un año más tarde informaba de trece casos más. Sus observaciones rápidamente pasaron a ser algo aceptado dentro de la neurología clínica, y se identificaron como un trastorno de gran importancia. Los médicos comenzaron a «ver» la distrofia por todas partes, y al cabo de pocos años se habían publicado docenas de casos en la bibliografía médica. El trastorno había existido siempre, ubicuo e inconfundible, pero muy pocos médicos lo habían descrito antes de Duchenne.[1]

El ensayo de Herschel sobre los dibujos alucinatorios, por el contrario, desapareció sin dejar rastro. Quizá fue porque no se trataba de observaciones médicas hechas por un médico, sino por un observador independiente de gran curiosidad. Aunque sospechaba que sus observaciones poseían importancia científica –que dichos fenómenos podrían conducir a comprender el cerebro de manera más profunda–, su importancia médica no era lo principal. Su ensayo no se publicó en una revista médica, sino en una de ciencia general. Como la migraña se definía generalmente como una dolencia «médica», las descripciones de Herschel no se consideraron relevantes, y tras una breve mención en el libro de Liveing fueron olvidadas o ignoradas por la profesión médica. En cierto sentido, las observaciones de Herschel resultaron prematuras; si tenían que apuntar a nuevas ideas científicas acerca de la mente y el cerebro, en la década de 1850 no había manera de llevar a cabo esa conexión, pues los conceptos necesarios no surgieron hasta un siglo más tarde con el desarrollo de la teoría del caos en las décadas de 1970 y 1980.

Según la teoría del caos, aunque es imposible predecir el comportamiento individual de cada elemento dentro de

1. El alumno más famoso de Duchenne, Jean-Martin Charcot, observó: «¿Cómo es posible que una enfermedad tan corriente, tan extendida y tan reconocible a primera vista [...] no se haya reconocido hasta ahora? ¿Por qué necesitamos que el señor Duchenne nos abriera los ojos?»

un sistema dinámico complejo (por ejemplo, las neuronas individuales o los grupos neuronales de la corteza visual primaria), se pueden distinguir patrones a un nivel superior utilizando modelos matemáticos y análisis por ordenador. Existen «comportamientos universales» que representan la manera en que se autoorganizan los sistemas dinámicos no lineales. Estos suelen adquirir la forma de patrones reiterativos complejos en el espacio y en el tiempo, de hecho, los mismísimos tipos de redes, espirales, volutas y redes que podemos ver en las alucinaciones geométricas de la migraña.

Tales comportamientos caóticos y autoorganizativos ahora ya están identificados en una amplia variedad de sistemas naturales, desde los movimientos excéntricos de Plutón hasta los asombrosos patrones que aparecen en el curso de ciertas reacciones químicas, pasando por la multiplicación de los mohos mucilaginosos o los caprichos del clima. Con ello, un fenómeno hasta hora insignificante o que había pasado inadvertido, como son los dibujos geométricos del aura de migraña, de repente adquieren una nueva importancia. Nos muestran, en forma de despliegue alucinatorio, no solo la actividad de la corteza cerebral, sino de todo un sistema autoorganizativo, un comportamiento universal.[1]

En el caso de la migraña, tuve que remontarme a una bibliografía médica anterior y ya olvidada, una literatura

1. Cuando describí los fenómenos del aura de migraña en la edición original de 1970 de mi libro *Migraña,* lo único que pude afirmar fue que resultaban «inexplicables» según los conceptos existentes. Pero en 1992, en una edición revisada y con la ayuda de mi colega Ralph M. Siegel, añadí un capítulo comentando esos fenómenos a la luz de la teoría del caos.

que casi todos mis colegas consideraban superada u obsoleta. Lo mismo me pasó en el caso del síndrome de Tourette. Mi interés por ese síndrome había surgido en 1969, cuando conseguí «despertar» a algunos pacientes posencefalíticos gracias a la L-dopa, y vi que muchos pasaban rápidamente de un estado de inmovilidad a una «normalidad» breve y tentadora, y luego al extremo opuesto, un estado violentamente hipercinético, lleno de tics, muy parecido al casi mítico «síndrome de Tourette». Digo «casi mítico» porque en la década de 1960 nadie hablaba mucho del síndrome de Tourette; se consideraba en extremo excepcional y posiblemente artificial. Yo solo había oído hablar de él vagamente.

De hecho, en 1969, cuando comencé a reflexionar sobre el tema, a medida que resultaba evidente que mis pacientes lo padecían, me costó encontrar referencias contemporáneas, y de nuevo tuve que remontarme a la literatura del siglo anterior: a los ensayos originales de Gilles de la Tourette escritos en 1885 y 1886, y aproximadamente a la docena de informes médicos que los sucedieron. Fue una época de soberbias descripciones, en su mayor parte francesas, de las variedades del comportamiento con tics, que culminaron en el libro *Les tics et leur traitement,* publicado en 1902 por Henry Meige y Eugène Feindel. No obstante, entre 1907, cuando su libro se tradujo al inglés, y 1970, el propio síndrome casi parecía haber desaparecido.

¿Por qué? Deberíamos preguntarnos si esa negligencia no se debió a las crecientes presiones de comienzos del nuevo siglo a la hora de intentar explicar los fenómenos científicos, después de una época en la que se habían conformado simplemente con describirlos. Y el síndrome de Tourette era especialmente difícil de explicar. En sus formas más complejas podía expresarse no solo como movimientos y ruidos convulsivos, sino como tics, compulsiones, obsesiones y tendencias a hacer chistes y juegos de palabras, a jugar con los límites y enzarzarse en provocaciones sociales y elaboradas fantasías. Aunque hubo intentos de explicar el síndrome en términos psicoanalíticos, estos, si bien arrojaban luz sobre algunos fenómenos, no consiguen explicar otros, pues estaba claro que había componentes orgánicos. En 1960, el descubrimiento de que una droga, el haloperidol, que contrarresta los efectos de la dopamina, podía eliminar muchos de los fenómenos generados por el síndrome de Tourette, generó una hipótesis mucho más abordable: que Tourette era sobre todo una enfermedad química, causada por un exceso de dopamina, un neurotransmisor, o por una excesiva sensibilidad a ella.

Con esa explicación cómoda y reductiva, el síndrome de repente volvió a adquirir repercusión, y de hecho su incidencia pareció multiplicarse por mil. (En la actualidad se considera que afecta a una persona de cada cien.) Ahora tenemos una investigación muy intensiva en gran medida limitada a los aspectos molecular y genético. Y aunque esta podría explicar parte de la excitabilidad general de Tourette, de poco sirve a la hora de iluminar las formas particulares de la proclividad touréttica a la comedia, la fantasía, la mímica, la imitación, el sueño, la exhibición, la provocación y el juego. Aunque hemos pasado de una era de pura descripción a otra de explicación e investigación activa, en este proceso el propio Tourette ha quedado fragmentado y ya no se ve como una totalidad.

Este tipo de fragmentación es quizá típico de cierta fase de la ciencia, la fase que sigue a la pura descripción. Pero en algún momento, y de alguna manera, hay que ensamblar los fragmentos y presentarlos una vez más como un todo coherente, cosa que requiere una comprensión de factores determinantes a todos los niveles, desde el neurofisiológico y el psicológico pasando por el sociológico, y de su continua e intrincada interacción.[1]

En 1974, tras quince años de médico realizando observaciones sobre las enfermedades biológicas de mis pacientes, tuve una experiencia neuropsicológica propia. Los nervios y músculos de mi pierna izquierda quedaron seriamente dañados mientras practicaba la escalada en una remota región de Noruega; tuvieron que operarme para reparar los tendones del músculo, y los nervios tardaron en curarse. Después de la operación, durante un periodo de dos semanas, mientras tuve la pierna inmovilizada en un yeso, carente de mo-

1. Una secuencia un tanto similar ha ocurrido en la psiquiatría «médica». Si uno observa los gráficos de los pacientes internados en los psiquiátricos y hospitales estatales en las décadas de 1920 y 1930, se encuentra con observaciones clínicas y fenomenológicas extremadamente detalladas, a menudo insertas en narraciones de una riqueza e intensidad casi novelescas (como en las clásicas descripciones de Kraepelin y otros a principios de siglo). Al instituirse unos rígidos criterios y manuales de diagnóstico (los *Manuales diagnósticos y estadísticos de los trastornos mentales,* o *DSM* por sus siglas en inglés), esa riqueza y detalle, así como su franqueza fenomenológica, han desaparecido, y en su lugar encontramos escasas notas que no ofrecen una imagen real del paciente o su mundo, sino que lo reducen, a él y a su enfermedad, a una lista de criterios diagnósticos «mayores» y «menores». Los gráficos de la psiquiatría actual que encontramos en los hospitales carecen casi por completo de la profundidad y densidad de información que uno encuentra en los gráficos anteriores, y no son de gran utilidad a la hora de ayudarnos a llevar a cabo una síntesis de la neurociencia y el conocimiento psiquiátrico, algo que tanto necesitamos. Los historiales y los gráficos «antiguos», sin embargo, seguirán siendo inestimables.

vimiento y sensación, dejé de sentirla como parte de mí. Me pareció que se había convertido en un objeto sin vida, irreal, que no era mío, inconcebiblemente ajeno. Pero cuando intenté comunicarle esa sensación a mi cirujano, me dijo: «Sacks, es usted único. Ningún paciente me había dicho nunca tal cosa.»

Aquello me pareció absurdo. ¿Cómo iba yo a ser «único»? Tenía que haber otros casos, me dije, aunque mi cirujano nunca hubiera oído hablar de ellos. En cuanto tuve suficiente movilidad, me puse a hablar con los demás pacientes, y descubrí que muchos de ellos habían tenido experiencias parecidas de extremidades «ajenas». A algunos les había parecido algo tan misterioso y aterrador que habían intentado sacárselo de la cabeza; otros se habían preocupado en secreto, pero no habían querido contárselo a nadie.

Cuando hube salido del hospital, me fui a la biblioteca, decidido a buscar bibliografía sobre el tema. Estuve tres años sin encontrar nada. Luego me topé con un libro del neurólogo estadounidense Silas Weir Mitchell, que trabajó en el hospital de Filadelfia para personas a las que les habían amputado algún miembro durante la Guerra de Secesión. Describió, con mucho esmero y detalle, las extremidades fantasmas (o «fantasmas sensoriales», como él las llamaba) que los amputados experimentaban en el lugar de sus miembros perdidos. También hablaba de «fantasmas negativos», la aniquilación y alienación subjetiva de las extremidades después de una herida grave y de la operación. Tanto le impresionaron esos fenómenos que escribió una circular especial sobre el asunto, que el departamento de salud pública distribuyó en 1864.

Las observaciones de Weir Mitchell despertaron un breve interés, pero luego cayeron en el olvido. Transcurrieron más de cincuenta años antes de que el síndrome fuera redescubierto, cuando durante la Primera Guerra Mundial se trataron miles de nuevos casos de trauma neurológico. En 1917, el neurólogo francés Joseph Babinski (junto con Jules Froment) publicó una monografía en la que, desconociendo al parecer los informes de Weir Mitchell, describió el síndrome que yo había experimentado con mi propia lesión en la pierna. Las observaciones de Babinski, al igual que las de Weir Mitchell, se desvanecieron sin dejar rastro. (Cuando en 1975 por fin encontré el libro de Babinski en la biblioteca, descubrí que era la primera persona que lo sacaba en préstamo desde 1918.) Durante la Segunda Guerra Mundial, el síndrome lo describieron de manera detallada y minuciosa dos neurólogos soviéticos, Alekséi N. Leóntiev y Aleksandr Zaporozhets, de nuevo sin saber nada de sus predecesores. Y no obstante, aunque su libro, *Rehabilitation of Hand Function,* fue traducido al inglés en 1960, sus observaciones fueron completamente ignoradas por los neurólogos y por los especialistas en rehabilitación.[1]

El trabajo de Weir Mitchell y Babinski, de Leóntiev y Zaporozhets, parece haber caído en un escotoma histórico cultural, un «agujero de la memoria», como diría Orwell.

Mientras juntaba los fragmentos de esta historia extraordinaria, incluso insólita, comprendí mucho más a mi cirujano cuando me dijo que nunca había oído hablar de nada parecido a mis síntomas. El síndrome no es infrecuente:

1. Durante las últimas décadas, el estudio y comprensión de las extremidades fantasma ha recibido un nuevo impulso gracias al gran número de amputaciones en la guerra, lo que ha dado pie a más investigaciones y a la floreciente tecnología de las prótesis actuales. Describo con más detalle el síndrome de los miembros fantasma en mi libro *Alucinaciones.*

ocurre siempre que hay una pérdida significativa de propiocepción y cualquier otro tipo de retroalimentación sensorial por culpa de la inmovilidad o un daño nervioso. Pero ¿por qué es tan difícil dejar constancia, darle a ese síndrome el lugar que le corresponde en nuestro conocimiento y conciencia neurológicos?

Tal como lo utilizan los neurólogos, el término «escotoma» (que viene de la palabra griega que significa «oscuridad») denota una desconexión o hiato en la percepción, esencialmente una brecha en la conciencia producida por una lesión neurológica. (Dichas lesiones pueden producirse a cualquier nivel, desde los nervios periféricos, como en mi propio caso, hasta la corteza sensorial del cerebro.) A un paciente que padece escotoma le resulta extremadamente difícil conseguir comunicar lo que le está ocurriendo. Él mismo escotomiza la experiencia porque el miembro afectado ya no forma parte de su imagen corporal interna. Dicho escotoma resulta literalmente inimaginable a no ser que uno lo experimente. Por eso sugiero, y lo digo solo medio en broma, que la gente lea *Con una sola pierna* sometido a anestesia epidural, para que puedan saber por sí mismos lo que estoy describiendo.

Abandonemos el misterioso ámbito de los miembros fantasma y pasemos a un fenómeno más positivo (aunque también extrañamente olvidado y escotomizado): el de la acromatopsia cerebral adquirida o ceguera total al color después de una lesión o herida cerebral. (Se trata de una dolencia totalmente distinta a la de la ceguera al color habitual, causada por la deficiencia de uno o más receptores del color en la retina.) Elijo este ejemplo porque lo he estudiado con cierto detalle, después de enterarme accidentalmente de su existencia tras recibir una carta de un paciente que la padecía.[1]

Cuando me puse a estudiar la historia de la acromatopsia, me encontré de nuevo con una laguna o anacronismo extraordinarios. La acromatopsia cerebral adquirida –e incluso la más dramática hemiacromatopsia, la pérdida de la percepción del color solo en una mitad del campo visual, que suele ocurrir de repente a consecuencia de un ictus–, la había descrito en 1888 de manera ejemplar un neurólogo suizo, Louis Verrey. Cuando su paciente murió y le hizo la autopsia, Verrey consiguió delimitar la zona exacta de la corteza visual dañada por el ictus. Pero dijo que allí «se encontrará el centro de la percepción cromática». Pocos años después del informe de Verrey, aparecieron otros concienzudos relatos de problemas parecidos con la percepción del color y las lesiones que los causaban. La acromatopsia y su base neuronal parecieron quedar firmemente reconocidas. Pero luego, de manera extraña, cayó de nuevo en el silencio, pues no se mencionó ningún otro caso en los setenta y cinco años posteriores.

Esta cuestión la han comentado con gran erudición y perspicacia tanto Antonio Damasio como Semir Zeki.[2] Este último observa que los descubrimientos de Verrey

1. El señor I. era pintor, y su visión del color era normal hasta que tuvo un accidente de coche y de repente perdió toda la percepción del color. Así fue como «adquirió» la acromatopsia, tal como describo en *Un antropólogo en Marte*. Pero también hay gente que padece acromatopsia congénita, un fenómeno que estudié en *La isla de los ciegos al color*.

2. Para la investigación de Damasio, véase su ensayo de 1980 en *Neurology*, «Central Achromatopsia: Behavioral, Anatomic, and Physiological Aspects». La historia de Verrey y otros narrada por Zeki aparece en una reseña de 1990 publicada en *Brain:* «A Century of Cerebral Achromatopsia».

despertaron cierto rechazo cuando se publicaron, y considera que este rechazo fue debido a que obedecían a una actitud filosófica profunda y quizá inconsciente: la creencia entonces imperante de que la visión era un fenómeno continuo.

La idea de que tenemos el mundo visual como un dato, una imagen, provisto de color, forma, movimiento y profundidad, es natural e intuitiva, al parecer apoyada por la óptica newtoniana y el sensualismo de Locke. La invención de la cámara lúcida y posteriormente de la fotografía pareció ejemplificar un modelo mecánico de la percepción. ¿Por qué el cerebro iba a comportarse de manera diferente? El color, era evidente, formaba parte integral de la imagen visual, y no se podía disociar de ella. Las ideas de una pérdida aislada de la percepción del color o de un centro para la sensación cromática del cerebro se consideraban algo evidentemente absurdo. Verrey tenía que estar equivocado; unas ideas tan absurdas tenían que rechazarse sin más consideración. Y con ellas, también «desapareció» la acromatopsia.

Naturalmente, también había otros factores en juego. Damasio había descrito que en 1919, cuando Gordon Holmes publicó sus hallazgos basados en doscientos casos de lesiones de guerra en la corteza visual, afirmó de manera sumaria que ninguno de ellos mostraba deficiencias aisladas en la percepción del color. Holmes era un hombre de formidable autoridad y poder en el mundo neurológico, y su oposición de base empírica a la idea de un centro del color en el cerebro, reiterada con fuerza creciente durante más de treinta años, resultó un factor clave a la hora de impedir que otros neurólogos reconocieran el síndrome.

La idea de la percepción como algo «dado» de una manera continua y global se vio sacudida hasta sus cimientos a finales de la década de 1950 y principios de la de los sesenta cuando David Hubel y Torsten Wiesel demostraron que en la corteza visual había células y columnas de células que actuaban como «detectores de rasgos», y que eran especialmente sensibles a las horizontales, las verticales, los bordes, las alineaciones y otros rasgos del campo visual. Comenzó a arraigar la idea de que la visión poseía componentes, de que las representaciones visuales no eran de ninguna manera algo «dado», al igual que las imágenes ópticas o las fotografías, sino que se construían mediante una correlación enormemente compleja e intrincada de diferentes procesos. La percepción se veía ahora como algo compuesto, modular, la interacción de un gran número de componentes. La integración y contenido de la percepción tenía que lograrse en el cerebro.

Así, en la década de 1960 quedó claro que la visión era un proceso analítico, que se basaba en las sensibilidades distintas de un gran número de sistemas cerebrales y retinales, cada uno afinado para reaccionar a componentes de la percepción distintos. Fue en esta época más receptiva a los subsistemas y su integración cuando Zeki descubrió las células específicas sensibles a la longitud de onda y el color en la corteza visual de los monos, y descubrió que se encontraban en la misma zona que Verrey había sugerido como centro del color ochenta y cinco años antes. El descubrimiento de Zeki pareció liberar a los neurólogos clínicos de una inhibición que duraba casi un siglo. A los pocos años se describieron docenas de nuevos casos de acromatopsia, que por fin quedó legitimada como dolencia neurológica válida.

Que ese sesgo conceptual fuera el responsable del rechazo y «desaparición» de la acromatopsia quedó confirmado por la historia completamente opuesta de la ceguera al movimiento central, una dolencia aún más infrecuente que

Josef Zihl y sus colegas describieron en un solo caso en 1983.[1] El paciente de Zihl podía ver gente o coches en reposo, pero en cuanto comenzaban a moverse desaparecían de su conciencia, solo para reaparecer, inmóviles, en otro lugar. Este caso, observó Zeki, «fue de inmediato aceptado por el mundo neurológico y biológico sin un murmullo de disensión [...] en contraste con la historia más turbulenta de la acromatopsia». Esta drástica diferencia surgía del profundo cambio en el clima intelectual ocurrido en los años inmediatamente anteriores. A principios de la década de 1970 se había demostrado que existía una zona especializada de células sensibles al movimiento en la corteza prestriada de los monos, y la idea de una especialización funcional fue completamente aceptada al cabo de una década. Ya no había ninguna razón conceptual para rechazar los descubrimientos de Zihl; todo lo contrario, de hecho; se recibieron con satisfacción, como una espléndida prueba clínica en consonancia con el nuevo clima.

Que resulta fundamental fijarse en las excepciones –y no olvidarlas ni pasarlas por alto como si fueran algo trivial– lo puso de manifiesto el primer ensayo de Wolfgang Köhler, escrito en 1913, antes de su obra pionera en psicología de la Gestalt. En su ensayo «On Unnoticed Sensations and Errors of Judgement», Köhler escribió que las prematuras simplificaciones y sistematizaciones de la ciencia, y de la psicología en particular, podían anquilosar la ciencia e impedir su crecimiento vital. «Cada ciencia», escribió, «posee una especie de desván en el que casi de manera automática se arrumban las cosas que no se pueden utilizar en el momento, que no encajan del todo. [...] Constantemente de-

1. El caso de Zihl se describe con más detalle en el capítulo anterior, «El río de la conciencia».

jamos de lado, sin utilizar, gran abundancia de material valioso [que conduce] al bloqueo del progreso científico.»[1]

En la época en que Köhler escribió estas líneas, las ilusiones visuales se consideraban «errores de juicio», algo trivial y sin relevancia para el funcionamiento del cerebro-mente. Pero Köhler no tardaría en demostrar que era todo lo contrario, que dichas ilusiones constituyen la prueba más clara de que la percepción no solo «procesa» de manera pasiva los estímulos sensoriales, sino que de manera activa crea grandes configuraciones o «Gestalts» que organizan todo el campo perceptivo. Estas ideas constituyen ahora el núcleo de nuestra comprensión actual del cerebro como algo dinámico y constructivo. Pero primero resultó necesario comprender una «anomalía», un fenómeno contrario al marco de referencia aceptado, y prestarle atención para ampliar y revolucionar el marco de referencia.

¿Podemos extraer alguna lección de los ejemplos que he estado comentando? Diría que sí. En primer lugar podríamos invocar el concepto de prematuridad y fijarnos en las observaciones que en el siglo XIX llevaron a cabo Herschel, Weir Mitchell, Tourette y Verrey como algo que se adelantó a su tiempo, por lo que no pudo integrarse en las ideas contemporáneas. Gunther Stent, al reflexionar en 1972 sobre la «prematuridad» en los descubrimientos científicos, escribió: «Un descubrimiento es prematuro si sus implicaciones no pueden relacionarse, mediante una serie de pasos lógicos simples, con el conocimiento canónico generalmente acep-

1. Darwin observó la importancia de los «ejemplos negativos» o «excepciones», y lo importante que es observarlos de inmediato, pues de otro modo «seguro que acaban olvidándose».

tado.» Lo comentaba en relación con el caso clásico de Gregor Mendel, cuya obra sobre la genética de las plantas se adelantó muchísimo a su tiempo, así como al caso menos conocido pero fascinante de Oswald Avery, que descubrió el ADN en 1944, un descubrimiento que pasó desapercibido completamente porque nadie era capaz de apreciar su importancia.[1]

Si Stent hubiera sido un genetista en lugar de un biólogo molecular, quizá podría haber recordado la historia de la pionera genetista Barbara McClintock, que en la década de 1940 desarrolló una teoría –la de los así llamados genes saltarines– que resultó casi incomprensible para sus contemporáneos. Treinta años más tarde, cuando el ambiente en el campo de la biología se había vuelto más receptivo a esas ideas, los descubrimientos de McClintock fueron tardíamente reconocidos como una aportación fundamental a la genética.

Si Stent hubiera sido geólogo, se le podría haber enseñado otro famoso (o infame) ejemplo de prematuridad: la teoría de Alfred Wegener de la deriva continental, propuesta en 1915, olvidada y ridiculizada durante muchos años, pero redescubierta cuarenta años después con la aparición de la teoría de la tectónica de placas.

Si Stent hubiera sido matemático, incluso podría haber citado, como un ejemplo asombroso de «prematuridad», el

1. El artículo de Stent, «Prematurity and Uniqueness in Scientific Discovery», apareció en el número de *Scientifc American* de diciembre de 1972. Cuando dos meses más tarde visité a W. H. Auden en Oxford, lo encontré entusiasmadísimo con el artículo de Stent, y lo comentamos largo y tendido. Auden escribió una extensa réplica a Stent en la que contrastaba las historias intelectuales del arte y la ciencia, y que se publicó en el número de *Scientific American* de marzo de 1973.

invento de Arquímedes del cálculo, dos mil años antes de Newton y Leibniz.

Y de haber sido astrónomo, podría haber hablado no solo de olvido, sino de una memorable regresión en el estudio de la astronomía. Aristarco, en el siglo III a. C., mostró claramente una imagen heliocéntrica del sistema solar que fue perfectamente comprendida y aceptada por los griegos. (Y más tarde ampliada por Arquímedes, Hiparco y Eratóstenes.) Sin embargo, Ptolomeo, cinco siglos después, le dio completamente la vuelta y postuló una teoría geocéntrica de una complejidad casi babilónica. La oscuridad, el escotoma ptolemaico, duró mil cuatrocientos años, hasta que Copérnico restableció una teoría heliocéntrica.

El escotoma, sorprendentemente común en todos los campos de la ciencia, implica algo más que la prematuridad; implica una pérdida de conocimiento, un olvido de las ideas que antaño parecían firmemente establecidas, y en ocasiones una regresión a explicaciones menos perceptivas. ¿Qué hace que una observación o una idea sea aceptable, digna de discusión, memorable? ¿Qué puede impedir que lo sea, a pesar de su valor e importancia?

Freud respondería a esta pregunta haciendo hincapié en la resistencia: la nueva idea es profundamente amenazadora y repugnante, de ahí que se rechace su pleno acceso a la mente. Sin duda a menudo es así, pero esto lo reduce todo a la psicodinámica y la motivación, cosa que no es suficiente ni siquiera en la psiquiatría.

No basta con comprender algo, con «captar» algo, de un fogonazo. La mente debe ser capaz de acomodarlo, de retenerlo. La primera barrera consiste en permitirnos descubrir ideas nuevas, crear un espacio mental, una categoría con conexión potencial, y a continuación introducir estas ideas en una conciencia plena y estable, darles una forma conceptual, alojarlas en la mente aun cuando contradigan los conceptos, creencias y categorías que tenemos en este momento. Este proceso de acomodación, de amplitud mental, resulta fundamental a la hora de determinar si una idea o descubrimiento arraigará y dará fruto, o si se olvidará, se marchitará y morirá de manera estéril.

Nos hemos referido a ideas o descubrimientos tan prematuros que casi carecían de conexión o contexto, de ahí que fueran incomprensibles o ignorados en su tiempo, y a otras ideas que fueron contestadas de manera apasionada e incluso feroz en el necesario pero a menudo brutal agón de la ciencia. La historia de la ciencia y la medicina se ha ido conformando a partir de rivalidades intelectuales que han obligado a los científicos a enfrentarse tanto a las anomalías como a las ideologías profundamente arraigadas. Dicha competencia, en forma de pruebas y debates experimentales abiertos y directos, resulta esencial para el progreso científico.[1] Se trata de una ciencia «limpia», en la que la competencia amistosa o colegiada estimula su progreso;

1. Darwin quiso dejar muy claro que carecía de predecesores, que la idea de la evolución no flotaba en el aire. Newton, a pesar de su famoso comentario acerca de que me «he subido a hombros de gigantes», también reivindicó no tener ningún predecesor. Esta «ansiedad de la influencia» (que Harold Bloom ha argumentado de manera convincente con relación a la poesía) también es una poderosa fuerza en la historia de la ciencia. Para que las propias ideas se desarrollen y se desplieguen con éxito, probablemente uno tenga que creer que los demás se equivocan; Bloom insiste en que quizá nos veamos obligados a malinterpretar a los demás y (puede que de manera inconsciente) a reaccionar contra ellos. («Todo talento», escribe Nietzsche, «debe desarrollarse luchando.»)

pero también hay mucha ciencia «sucia», en la que la competencia y la rivalidad personal se vuelven malignas y obstruccionistas.

Si un aspecto de la ciencia se encuentra en el ámbito de la competencia y la rivalidad, hay otro que surge del malentendido y el cisma epistemológicos, a menudo fundamentales. Edward O. Wilson asegura en su autobiografía, *Naturalista,* que James Watson consideraba los primeros trabajos de Wilson en el campo de la entomología y la taxonomía poco más que «coleccionar sellos». Esa actitud despectiva era algo casi universal entre los biólogos moleculares de la década de 1960. (En aquella época, a la ecología, de manera parecida, apenas se le concedía la condición de ciencia «verdadera», y todavía se la ve como mucho más «blanda», por ejemplo, que la biología molecular, una manera de pensar que solo ahora comienza a cambiar.)

Darwin a menudo comentaba que nadie podía ser un buen observador a no ser que también fuera un teórico activo. Tal como escribió su hijo Francis, su padre parecía «como poseído de una capacidad de teorización dispuesta a fluir por cualquier cauce a la menor agitación, de manera que ningún hecho, por insignificante que fuera, podía evitar generar un flujo de teoría, con lo que ese hecho quedaba magnificado y cobraba importancia». La teoría, de todos modos, puede convertirse en un gran enemigo de la observación y el pensamiento honestos, sobre todo cuando se convierte en un dogma o supuesto tácito y quizá inconsciente.

Socavar las propias creencias y teorías puede ser un proceso muy doloroso e incluso aterrador, pues nuestras vidas mentales se sustentan, de manera consciente o inconsciente, en teorías a veces investidas con la fuerza de la ideología o la delusión.

En casos extremos el debate científico puede amenazar con destruir los sistemas de creencias de uno de los antagonistas, y con ello, quizá, las creencias de toda una cultura. La publicación, en 1859, de *El origen de las especies* de Darwin provocó furiosos debates entre la ciencia y la religión (encarnados en el conflicto entre Thomas Huxley y el arzobispo Wilberforce), y las violentas pero patéticas acciones de retaguardia de Agassiz, que consideraba que el trabajo de toda su vida, y su idea de que existía un creador, quedaban aniquilados por la teoría de Darwin. La ansiedad de quedar borrado del mapa fue tal que Agassiz de hecho se fue a las Galápagos e intentó reproducir la experiencia y descubrimientos de Darwin con el fin de refutar su teoría.[1]

Philip Henry Gosse, un gran naturalista que también era profundamente devoto, estaba tan dividido por el debate sobre la evolución mediante la selección natural que se vio impulsado a publicar un libro extraordinario, *Omphalos,* en el que afirmaba que los fósiles no correspondían a ninguna criatura que hubiera vivido anteriormente, sino que el Creador los había puesto en las rocas para censurar nuestra curiosidad, un argumento que gozó de la insólita distinción de enfurecer a zoólogos y teólogos por igual.

A veces me ha sorprendido que la teoría del caos no la descubrieran o inventaran Newton o Galileo; debían de estar totalmente familiarizados, por ejemplo, con los fenómenos de la turbulencia y los remolinos que se ven constan-

1. El propio Darwin a menudo se quedaba horrorizado ante los mismísimos mecanismos de la naturaleza cuyo funcionamiento veía tan claramente. Lo expresó en una carta que escribió a su amigo Joseph Hooker en 1856: «¡Menudo libro podría escribir un capellán del diablo sobre las torpes, derrochadoras, chapuceras y horriblemente crueles obras de la naturaleza!»

temente en la vida cotidiana (y que retrató magistralmente Leonardo). Quizá evitaron pensar en sus implicaciones, previendo que serían infracciones potenciales de una naturaleza racional, lícita y ordenada.

En gran parte, es lo mismo que pensó Henri Poincaré dos siglos más tarde, cuando fue el primero en investigar las consecuencias matemáticas del caos: «Son cosas tan estrambóticas que no soporto contemplarlas.» Ahora los diseños del caos nos parecen hermosos –una nueva dimensión de la belleza de la naturaleza–, pero desde luego no fue así como lo vio originalmente Poincaré.

El ejemplo más famoso de dicha repugnancia en nuestro siglo es, naturalmente, el violento desagrado de Einstein por la naturaleza aparentemente irracional de la mecánica cuántica. Aunque él mismo había sido uno de los primeros en demostrar los procesos cuánticos, se negaba a considerar la mecánica cuántica como algo más que una representación superficial de los procesos naturales, que, al comprenderlos con más profundidad, darían paso a una representación más ordenada y armoniosa.

Los grandes avances científicos a menudo tienen un carácter fortuito e inevitable. Si Watson y Crick no hubieran descifrado la doble hélice del ADN en 1953, sin duda lo habría hecho Linus Pauling. La estructura del ADN, se podría decir, estaba a punto de caramelo para que alguien la descubriera, aunque quién, cómo y exactamente cuándo era algo impredecible.

Los mayores logros creativos surgen no solo de hombres y mujeres extraordinarios y de gran talento, sino del hecho de que se enfrenten a problemas de enorme universalidad y magnitud. El XVI fue un siglo de genios no porque no hubiera genios en otras épocas, sino porque la comprensión de las leyes del mundo físico, más o menos petrificadas desde la época de Aristóteles, comenzaba a ceder a las intuiciones de Galileo y otros que creían que el lenguaje de la naturaleza eran las matemáticas. De manera parecida, en el siglo XVII se daban las circunstancias para la invención del cálculo, que fue ideado por Newton y Leibniz casi al mismo tiempo, aunque de manera completamente diferente.

En la época de Einstein, cada vez estaba más claro que la antigua concepción del mundo, mecánica y newtoniana, era insuficiente para explicar diversos fenómenos –entre ellos el efecto fotoeléctrico, el movimiento browniano, y el cambio de la mecánica cuando se acercaba a la velocidad de la luz–, y tenía que desmoronarse y dejar un vacío intelectual bastante aterrador antes de que pudiera nacer un concepto radicalmente nuevo.

Pero Einstein también quiso dejar bien claro que una nueva teoría no invalida ni desbanca la anterior, sino que más bien «nos permite recuperar nuestros viejos conceptos desde un nivel superior». Amplió esta idea en un famoso símil:

> Por poner una comparación, podríamos decir que crear una nueva teoría no es como destruir un viejo granero y erigir en su lugar un rascacielos. Es más bien como subir una montaña, tener unas vistas nuevas y más amplias, descubrir conexiones inesperadas entre nuestro punto de partida y su rico entorno. Pero el punto del que partimos sigue existiendo y aún se puede ver, aunque parece más pequeño y forma una parte diminuta de la amplia visión a la que hemos accedido superando los obstáculos de nuestro aventurado ascenso.

Helmholtz, en su autobiografía *El pensamiento en medicina,* también utilizaba la imagen de escalar una montaña (era un apasionado alpinista), y describía el ascenso como cualquier cosa menos lineal. Escribió que no se puede saber de antemano cómo escalar una montaña; solo se puede conseguir probando y equivocándose. El montañero intelectual hace muchas salidas en falso, llega a callejones sin salida, se encuentra en posiciones indefendibles y a menudo tiene que dar marcha atrás, bajar y volver a empezar. De manera lenta y dolorosa, con innumerables errores y correcciones, logra escalar la montaña en zigzag. Solo cuando alcanza la cima ve que, de hecho, había una ruta directa, un «camino real» hasta la cima. Helmholtz afirma que al presentar sus ideas lleva a sus lectores por el camino real, que no guarda ninguna semejanza con los procesos sinuosos y tortuosos gracias a los que él se ha abierto camino.

A menudo nos encontramos con alguna idea intuitiva y embrionaria de lo que hay que hacer, y esta idea, una vez atisbada, impulsa hacia delante el intelecto. Así fue como Einstein, a los quince años, fantaseaba con ir montado sobre un rayo de luz, y diez años más tarde desarrolló la teoría de la relatividad especial, pasando del sueño de un niño a la más espectacular de las teorías. Así pues, el descubrimiento de la teoría de la relatividad especial, y luego de la relatividad general, ¿fue parte de un proceso histórico ya en marcha e inevitable? ¿O fue el resultado de una singularidad, de la aparición de un genio único? ¿Alguien habría concebido la relatividad de no haber nacido Einstein? ¿Y con qué rapidez se habría aceptado la relatividad de no haber sido por el eclipse solar de 1917, que por un extraño azar permitió que la teoría quedara confirmada por la precisa observación del efecto de la gravedad del sol sobre la luz? Percibimos aquí algo fortuito, y no fue un hecho trivial que se dispusiera del nivel de tecnología necesario para medir exactamente la órbita de Mercurio. Tampoco resulta una explicación adecuada el «proceso histórico» ni el «genio», pues ambos pasan por alto la complejidad y la naturaleza azarosa de la realidad.

«El azar favorece a la mente preparada», reza la famosa frase de Claude Bernard, y Einstein era, naturalmente, un hombre muy despierto, preparado para percibir y echar mano de cualquier cosa que pudiera utilizar. Pero si Riemann y otros matemáticos no hubieran desarrollado la geometría no euclidiana (que habían elaborado sobre construcciones puramente abstractas, sin tener la menor idea de que podrían resultar apropiadas para un modelo físico del mundo), Einstein no habría contado con las técnicas intelectuales para pasar de una vaga idea a una teoría completamente desarrollada.

Algunos factores aislados, autónomos e individuales deben converger antes del avance creativo aparentemente mágico, y la ausencia (o insuficiente desarrollo) de cualquiera de ellos puede bastar para impedirlo. Algunos de estos factores son mundanos: fondos y oportunidades suficientes, salud y apoyo social, la época en que uno ha nacido. Otros tienen que ver con la personalidad innata y la fuerza o debilidad intelectual.

En el siglo XIX, una época de descripción naturalista y pasión fenomenológica por el detalle, la inclinación por lo concreto parecía lo más apropiado, mientras que el pensamiento abstracto o razonado se veía con suspicacia, una actitud que puso de relieve con elegancia William James en su famoso ensayo sobre Louis Agassiz, el eminente biólogo e historiador natural:

Los únicos hombres a los que amaba de verdad y que le interesaban eran los que le aportaban hechos. Para él la vida consistía en ver hechos, no en argumentar ni [razonar]; y creo que a menudo detestaba totalmente las mentes razonadoras. [...] El extremo rigor de su devoción a este método concreto de aprendizaje era consecuencia natural de su particular intelecto, en el que la capacidad de abstracción, el razonamiento causal y las cadenas de consecuencias a partir de las hipótesis estaban mucho menos desarrollados que su genio para albergar enormes cantidades de detalles y para captar analogías y relaciones del tipo más próximo y concreto.

James describe cómo el joven Agassiz, al llegar a Harvard a mediados de la década de 1840, «estudió la geología y la fauna de un continente, preparó a toda una generación de zoólogos, fundó uno de los principales museos del mundo, dio un nuevo impulso a la educación científica de los Estados Unidos», y todo ello gracias a su apasionado amor por los fenómenos y los hechos, por los fósiles y las formas vivas, a su lírica propensión a lo concreto, a su concepción científica y religiosa de un sistema, de una totalidad, divinos. Pero entonces llegó una transformación: la propia zoología estaba pasando de historia natural, concentrada en las totalidades –las especies y las formas y sus relaciones taxonómicas–, a estudios de fisiología, histología, química, farmacología, la nueva ciencia de lo micro, de mecanismos y partes abstraídas de la idea de organismo y su organización como totalidad. Nada resultaba más excitante, más poderoso, que esa nueva ciencia, y sin embargo también estaba claro que algo se había perdido. Una transformación a la que la mentalidad de Agassiz no supo adaptarse muy bien, y en sus últimos años se vio desplazado del centro del pensamiento científico, convirtiéndose en una figura excéntrica y trágica.[1]

Me parece que el enorme papel de la contingencia, de la pura suerte (buena o mala), es incluso más evidente en la medicina que en la ciencia, pues la medicina a menudo depende de manera crucial de que la persona adecuada se encuentre con casos raros e insólitos, quizá únicos, en el momento adecuado.

Los casos de memoria prodigiosa son raros por naturaleza, y el ruso Shereshevski se contaba entre los más extraordinarios. Pero ahora se le recordaría (si se le recordara) meramente como «otro caso de memoria prodigiosa» de no haber conocido por azar a A. R. Luria, él mismo un prodigio de observación y perspicacia clínica. Hizo falta el genio de

1. Humphry Davy, al igual que Agassiz, fue un genio de la concreción y el pensamiento analógico. Carecía del poder de generalización abstracta tan desarrollado en su contemporáneo John Dalton (a quien le debemos las bases de la teoría atómica), y de la inmensa capacidad de sistematización de su contemporáneo Berzelius. De ahí que Davy pasara de ser idolatrado como «el Newton de la química» en 1810 a ser un personaje casi marginal quince años más tarde. El auge de la química orgánica, con la síntesis de la urea que llevó a cabo Wöhler en 1828 –un campo nuevo por el que Davy no sentía interés ni comprendía– de inmediato comenzó a desplazar la «vieja» química inorgánica y contribuyó a que Davy se sintiera pasado de moda en sus últimos años.

Jean Améry, en su impactante libro *Revuelta y resignación: acerca del envejecer,* se refiere a cómo puede llegar a atormentar a alguien la sensación de relevancia u obsolescencia, sobre todo la sensación de estar *intelectualmente* pasado de moda gracias a la aparición de nuevos métodos, teorías o sistemas. Esa sensación de estar pasado de moda en la ciencia puede ocurrir casi de un momento a otro cuando se da un importante cambio intelectual.

un Luria, y su exploración de los procesos mentales de Shereshevski durante treinta años, para producir las extraordinarias ideas que aparecen en el gran libro de Luria *Pequeño libro de una gran memoria: la mente de un mnemonista.*

La histeria, por el contrario, no es infrecuente, y se ha descrito bastante bien desde el siglo XVIII. Pero no se estudió desde una perspectiva psicodinámica hasta que una histérica brillante y que sabía expresarse se topó con el genio original del joven Freud y su amigo Breuer. Uno se pregunta si el psicoanálisis habría llegado a arrancar si Anna O. no se hubiera encontrado con las mentes especialmente receptivas y preparadas de Freud y Breuer. (Estoy seguro de que sí, pero habría tardado más y habría ido por un camino distinto.)

La historia de la ciencia, al igual que la vida, ¿podría haber discurrido por un camino distinto? ¿Se parece la evolución de las ideas a la evolución de la vida? No cabe duda de que vemos repentinos estallidos de actividad cuando los avances se llevan a cabo en un periodo muy breve. Así ocurrió con la biología molecular en las décadas de 1950 y 1960, y con la física cuántica en la década de 1920, y en las últimas décadas nos hemos encontrado con un despliegue similar de trabajos fundamentales en el campo de la neurociencia. Esa repentina acumulación de descubrimientos cambia la faz de la ciencia, y a menudo vienen seguidos de largos periodos de consolidación y estancamiento relativo. Me acuerdo de la imagen de «equilibrio puntuado» que nos ofrecieron Niles Eldredge y Stephen Jay Gould, y me pregunto si existe al menos una analogía con el proceso evolutivo natural.

Las ideas, al igual que las criaturas vivas, surgen y florecen, van en todas direcciones, o se abortan y se extinguen de manera totalmente impredecible. A Gould le gustaba mucho decir que si la evolución de la vida en la tierra volviera a empezar, la segunda vez sería completamente distinta. Supongamos que John Mayow hubiera descubierto el oxígeno en la década de 1670 o que la teórica Máquina Diferencial de Babbage –un ordenador– se hubiera construido cuando lo propuso en 1822; ¿habría sido muy distinto el curso de la ciencia? Todo esto es mera fantasía, desde luego, pero una fantasía que nos hace comprender que la ciencia no es un proceso ineluctable sino en extremo contingente.

BIBLIOGRAFÍA

Améry, Jean. 1994. *On Aging.* Bloomington: Indiana University Press. [Ed. esp.: *Revuelta y resignación: Acerca del envejecer.* Trad. de Marisa Siguan y Eduardo Aznar. Valencia: Pre-Textos, 2001.]

Arendt, Hannah. 1971. *The Life of the Mind.* Nueva York: Harcourt. [Ed. esp.: *La vida del espíritu.* Trad. de Fina Birulés y Carmen Corral. Barcelona: Paidós, 2002.]

Armitage, F. P. 1906. *A History of Chemistry.* Londres: Longmans Green.

Bartlett, Frederic C. 1932. *Remembering: A Study in Experimental and Social Psychology.* Cambridge, R.U.: Cambridge University Press. [Ed. esp.: *Recordar: estudio de psicología experimental y social.* Trad. de Pilar Soto y Cristina del Barrio. Madrid: Alianza, 1995.]

Bergson, Henri. 1911. *Creative Evolution.* Nueva York: Henry Holt. [Ed. esp.: *La evolución creadora.* Trad. de Pablo Ires. Buenos Aires: Cactus, 2007.]

Bernard, Claude. 1865. *An Introduction to the Study of Experimental Medicine.* Londres: Macmillan. [Ed. esp.: *Introducción al estudio de la psicología experimental.* Ed. de Antonio Espina y Capo. Barcelona: Crítica, 2005.]

Bleuler, Eugen. 1911/1950. *Dementia Praecox; or, The Group of Schizophrenias.* Oxford: International Universities Press.

Bloom, Harold. 1973. *The Anxiety of Influence.* Oxford: Oxford University Press. [Ed. esp.: *La ansiedad de la influencia.* Trad. de Antonio Lastra y Javier Alcoriza. Madrid: Trotta, 2009.]

Braun, Marta. 1992. *Picturing Time: The Work of Etienne-Jules Marey (1830-1904).* Chicago: University of Chicago Press.

Brock, William H. 1993. *The Norton History of Chemistry.* Nueva York: W. W. Norton. [Ed. esp.: *Historia de la química.* Trad. de Inmaculada Medina, Pilar Burgos, Álvaro del Valle y Elena García Hernández. Madrid: Alianza, 1998.]

Browne, Janet. 2002. *Charles Darwin: The Power of Place.* Nueva York: Alfred A. Knopf. [Ed. esp.: *Charles Darwin: el poder del lugar.* Trad. de Julio Hermoso. Valencia: Universitat de Valencia, 2009.]

Chamovitz, Daniel. 2012. *What a Plant Knows: A Field Guide to the Senses.* Nueva York: Scientific American / Farrar, Straus and Giroux.

Changeux, Jean-Pierre. 2004. *The Physiology of Truth: Neuroscience and Human Knowledge.* Cambridge, Mass.: Harvard University Press. [Ed. esp.: *El hombre de verdad.* Trad. de Virginia Aguirre. México: Fondo de Cultura Económica, 2005.]

Coleridge, Samuel Taylor. 1817. *Biographia Literaria.* Londres: Rest Fenner. [Ed. esp.: *Biografía literaria.* Trad. de Gabriel Insausti. Valencia: Pre-Textos, 2010.]

Crick, Francis. 1994. *The Astonishing Hypothesis: The Scientific Search for the Soul.* Nueva York: Charles Scribner. [Ed. esp.: *La búsqueda científica del alma: una revolucionaria hipótesis para el siglo XXI.* Trad. de Francisco Páez de la Cadena. Madrid: Debate, 1994.]

Damasio, Antonio. 1999. *The Feeling of What Happens: Body and Emotion in the Making of Consciousness.* Nueva York: Harcourt Brace. [Ed. esp.: *La sensación de lo que ocurre*. Trad. de Francisco Páez de la Cadena. Madrid: Debate, 2001.]

Damasio, A., T. Yamada, H. Damasio, J. Corbett y J. McKee. 1980. «Central achromatopsia: behavioral, anatomic, and physiologic aspects.» *Neurology*, 30 (10), pp. 1064-1071.

Damasio, Antonio, y Gil B. Carvalho. 2013. «The Nature of Feelings: Evolutionary and Neurobiological Origins.» *Nature Reviews Neuroscience*, 14, febrero.

Darwin, Charles. 1859. *On the Origin of Species by Means of Natural Selection; or, The Preservation of Favoured Races in the Struggle for Life*. Londres: John Murray. [Ed. esp.: *El origen de las especies*. Trad. de Antonio de Zulueta. Madrid: Espasa-Calpe, 2008.]

—. 1862. *On the Various Contrivances by Which British and Foreign Orchids Are Fertilised by Insects*. Londres: John Murray. [Ed. esp.: *La fecundación de las orquídeas*. Trad. de Carmen Pastor. Pamplona: Laetoli, 2008.]

—. 1871. *The Descent of Man, and Selection in Relation to Sex*. Londres: John Murray. [Ed. esp.: *El origen del hombre*. Trad. de Joandomènec Ros. Barcelona: Crítica, 2009.]

—. 1875. *On the Movements and Habits of Climbing Plants*. Londres: John Murray. Informe de la Linnaean Society, publicado originalmente en 1865. [Ed. esp.: *Plantas trepadoras*. Trad. de José-Pío Beltrán. Pamplona: Laetoli, 2011.]

—. 1875. *Insectivorous Plants*. Londres: John Murray. [Ed. esp.: *Plantas carnívoras*. Trad. de Joandomènec Ros. Pamplona: Laetoli, 2009.]

—. 1876. *The Effects of Cross and Self Fertilisation in the Vegetable Kingdom*. Londres: John Murray.

—. 1877. *The Different Forms of Flowers on Plants of the Same Species*. Londres: John Murray. [Ed. esp.: *Las formas de las flores*. Trad. de Carmen Pastor. Pamplona: Laetoli, 2009.]

—. 1880. *The Power of Movement in Plants.* Londres: John Murray.

—. 1881. *The Formation of Vegetable Mould, Through the Action of Worms, with Observations on Their Habits.* Londres: John Murray. [Ed. esp.: *La formación del manto vegetal por la acción de las lombrices.* Trad. de Jesús Coll Mármol. Oviedo: KRK Ediciones, 2009.]

Darwin, Erasmus. 1791. *The Botanic Garden: The Loves of the Plants.* Londres: J. Johnson.

Darwin, Francis, ed. 1887. *The Autobiography of Charles Darwin.* Londres: John Murray. [Ed. esp.: *Autobiografía de Charles Darwin.* Trad. de María Luisa de la Torre. Madrid: Alianza, 1984.]

Dobzhansky, Theodosius. 1973. «Nothing in biology makes sense except in the light of evolution.» *American Biology Teacher,* 35 (3), pp. 125-129.

Donald, Merlin. 1993. *Origins of the Modern Mind.* Cambridge, Mass.: Harvard University Press.

Doyle, Arthur Conan. 1887. *A Study in Scarlet.* Londres: Ward, Lock. [Ed. esp.: *Estudio en escarlata.* Trad. de Juan Antonio Molina Foix. Madrid: Libros El Canon, 2011.]

—. 1892. *The Adventures of Sherlock Holmes.* Londres: George Newnes. [Ed. esp.: *Las aventuras de Sherlock Holmes.* Trad. de Juan Manuel Ibeas. Madrid: Libros El Canon, 2004.]

—. 1893. «The adventure of the final problem.» En *The Memoirs of Sherlock Holmes.* Londres: George Newnes. [Ed. esp.: «El problema final». Trad. de Esther Tusquets. En *Las memorias de Sherlock Holmes.* Barcelona: Editorial rqr, 2004.]

—. 1905. *The Return of Sherlock Holmes.* Londres: George Newnes. [Ed. esp.: *El regreso de Sherlock Holmes.* Trad. de Juan Manuel Ibeas Delgado. Madrid: Alianza, 2017.]

Edelman, Gerald M. 1987. *Neural Darwinism: The Theory of Neuronal Group Selection.* Nueva York: Basic Books.

—. 1989. *The Remembered Present: A Biological Theory of Consciousness.* Nueva York: Basic Books.

—. 2004. *Wider Than the Sky: The Phenomenal Gift of Consciousness.* Nueva York: Basic Books.

Efron, Daniel H., ed. 1970. *Psychotomimetic Drugs: Proceedings of a Workshop . . . Held at the University of California, Irvine, on January 25-26, 1969.* Nueva York: Raven Press.

Einstein, Albert, y Leopold Infeld. 1938. *The Evolution of Physics.* Cambridge, R.U.: Cambridge University Press. [Ed. esp.: *La evolución de la física.* Barcelona: Salvat, 1995.]

Flannery, Tim. 2013. «They're taking over!» *Nueva York Review of Books,* 26 de septiembre.

Freud, Sigmund. 1891/1953. *On Aphasia: A Critical Study.* Oxford: International Universities Press. [Ed. esp.: *La afasia.* Buenos Aires: Nueva Visión, 2004.]

—. 1901/1990. *The Psychopathology of Everyday Life.* Nueva York: W. W. Norton. [Ed. esp.: *Psicopatología de la vida cotidiana.* Trad. de Luis López Ballesteros y de Torres. Madrid: Alianza, 2011.]

Freud, Sigmund, y Josef Breuer. 1895/1991. *Studies on Hysteria.* Nueva York: Penguin. [Ed. esp.: *La histeria.* Trad. de Luis López Ballesteros y de Torres. Madrid: Alianza, 2012.]

Friel, Brian. 1994. *Molly Sweeney.* Nueva York: Plume.

Gooddy, William. 1988. *Time and the Nervous System.* Nueva York: Praeger.

Gosse, Philip Henry. 1857. *Omphalos: An Attempt to Untie the Geological Knot.* Londres: John van Voorst.

Gould, Stephen Jay. 1990. *Wonderful Life.* Nueva York: W. W. Norton. [Ed. esp.: *La vida maravillosa.* Trad. de Joandomènec Ros. Barcelona: Crítica, 2006.]

Greenspan, Ralph, 2007. *An Introduction to the Nervous Systems.* Cold Spring Harbor, N.Y.: Cold Spring Harbor Laboratory Press.

Hadamard, Jacques. 1945. *The Psychology of Invention in the Mathematical Field.* Princeton, N.J.: Princeton University Press. [Ed. esp.: *Psicología de la invención en el campo matemático.* Trad. de Santaló Sors. Buenos Aires: Espasa-Calpe, 1947.]

Hales, Stephen. 1727. *Vegetable Staticks.* Londres: W. and J. Innys.

Hanlon, Roger T., y John B. Messenger. 1998. *Cephalopod Behaviour.* Cambridge, R.U.: Cambridge University Press.

Hebb, Donald. 1949. *The Organization of Behavior: A Neuropsychological Theory.* Nueva York: Wiley. [Ed. esp.: *Organización de la conducta.* Trad. de Tomás del Amo Martín. Madrid: Debate, 1985.]

Helmholtz, Hermann von. 1860/1962. *Treatise on Physiological Optics.* Nueva York: Dover.

—. 1877/1938. *On Thought in Medicine.* Baltimore: Johns Hopkins Press.

Herrmann, Dorothy. 1998. *Helen Keller: A Life.* Chicago: University of Chicago Press.

Herschel, J. F. W. 1858/1866. On sensorial vision. En *Familiar Lectures on Scientific Subjects.* Londres: Alexander Strahan.

Holmes, Richard, 1989. *Coleridge: Early Visions, 1772-1804. Nueva York: Pantheon.*

—. 2000. *Coleridge. Darker Reflections, 1804-1834.* Nueva York: Pantheon.

Jackson, John Hughlings. 1932. *Selected Writings.* Vol. 2. Ed. de James Taylor, Gordon Holmes y F. M. R. Walshe. Londres: Hodder and Stoughton.

James, William. 1890. *The Principles of Psychology.* Londres: Macmillan. [Ed. esp.: *Principios de psicología.* Trad. de Agustín Bárcena. México: Fondo de Cultura Económica, 1989.]

—. 1896/1984. *William James on Exceptional Mental States: The 1896 Lowell Lectures.* Ed. de Eugene Taylor. Amherst: University of Massachusetts Press.

—. 1897. *Louis Agassiz: Words Spoken by Professor William James at the Reception of the American Society of Naturalists by the President and Fellows of Harvard College, at Cambridge, on December 30, 1896.* Cambridge, Mass.: editado para la universidad.

Jennings, Herbert Spencer. 1906. *Behavior of the Lower Organisms.* Nueva York: Columbia University Press.

Kandel, Eric R. 2007. *In Search of Memory: The Emergence of a New Science of Mind.* Nueva York: W. W. Norton. [Ed. esp.: *En busca de la memoria.* Trad. de Elena Marengo. Madrid: Katz, 2007.]

Keynes, John Maynard. 1946. «Newton, the man.» *http://www-groups.dcs.st-and.ac.uk/Extras/Keynes_Newton.html*

Knight, David. 1992. *Humphry Davy: Science and Power.* Cambridge, R.U.: Cambridge University Press.

Koch, Christof. 2004. *The Quest for Consciousness: A Neurobiological Approach.* Englewood, Colo.: Roberts. [Ed. esp.: *La consciencia: una aproximación neurobiológica.* Trad. de Joan Soler. Barcelona: Ariel, 2005.]

Köhler, Wolfgang. 1913/1971. «On unnoticed sensations and errors of judgment». En *The Selected Papers of Wolfgang Köhler,* ed. de Mary Henle. Nueva York: Liveright.

Kohn, David. 2008. *Darwin's Garden: An Evolutionary Adventure.* Nueva York: Nueva York Botanical Garden.

Kraepelin, Emil. 1904. *Lectures on Clinical Psychiatry.* Nueva York: William Wood.

Lappin, Elena. 1999. «The man with two heads.» *Granta,* 66, pp. 7-65.

Leóntiev, A. N., y A. V. Zaporozhets. 1960. *Rehabilitation of Hand Function.* Oxford: Pergamon Press.

Libet, Benjamin, C. A. Gleason, E. W. Wright y D. K. Pearl. 1983. «Time of conscious intention to act in relation to onset of cerebral activity (readiness-potential): the uncons-

cious initiation of a freely voluntary act.» *Brain,* 106, pp. 623-642.
Liveing, Edward. 1873. *On Megrim, Sick-Headache, and Some Allied Disorders: A Contribution to the Pathology of Nerve-Storms.* Londres: Churchill.
Loftus, Elizabeth. 1996. *Eyewitness Testimony.* Cambridge, Mass.: Harvard University Press.
Lorenz, Konrad. 1981. *The Foundations of Ethology.* Nueva York: Springer. [Ed. esp.: *Fundamentos de la etiología.* Trad. de Roberto Bein. Barcelona: Paidós, 1986.]
Luria, A. R. 1968. *The Mind of a Mnemonist.* Reprint, Cambridge, Mass.: Harvard University Press. [Ed. esp.: *Pequeño libro de una gran memoria: La mente de un mnemonista.* Trad. de Lidia Kuper. Oviedo: KRK Ediciones, 2009.]
—. 1973. *The Working Brain: An Introduction to Neuropsychology.* Nueva York: Basic Books. [Ed. esp.: *El cerebro en acción.* Trad. de Mercedes Torres. Barcelona: Martínez Roca, 1984.]
—. 1979. *The Making of Mind.* Cambridge, Mass.: Harvard University Press.
Meige, Henry, y Eugène Feindel. 1902. *Les tics et leur traitement.* París: Masson.
Meynert, Theodor. 1884/1885. *Psychiatry: A Clinical Treatise on Diseases of the Fore-brain.* Nueva York: G. P. Putnam's Sons.
Michaux, Henri. 1974. *The Major Ordeals of the Mind and the Countless Minor Ones.* Londres: Secker and Warburg. [Ed. esp.: *Las grandes pruebas del espíritu.* Trad. de Francesc Parcerisas. Barcelona: Tusquets, 1985.]
Mitchell, Silas Weir. 1872/1965. *Injuries of Nerves and Their Consequences.* Nueva York: Dover.
Mitchell, Silas Weir, W. W. Keen y G. R. Morehouse. 1864. *Reflex Paralysis.* Washington, D.C.: Surgeon General's Office.
Modell, Arnold. 1993. *The Private Self.* Cambridge, Mass.: Harvard University Press.

Moreau, Jacques-Joseph. 1845/1973. *Hashish and Mental Illness.* Nueva York: Raven Press.

Nietzsche, Friedrich. 1882/1974. *The Gay Science.* Trad. al inglés de Walter Kaufmann. Nueva York: Vintage Books. [Ed. esp.: *La gaya ciencia.* Trad. de Pedro González Blanco y Luciano de Mantua. Palma de Mallorca: José J. de Olañeta, 2003.]

Noyes, Russell, Jr., y Roy Kletti. 1976. «Depersonalization in the face of life-threatening danger: a description.» *Psychiatry,* 39 (1), pp. 19-27.

Orwell, George. 1949. *Nineteen Eighty-Four.* Londres: Secker and Warburg. [Ed. esp.: *1984.* Trad. de Olivia de Miguel. Barcelona: Galaxia Gutenberg, 1998.]

Pinter, Harold. 1994. *Other Places: Three Plays.* Nueva York: Grove Press.

Pribram, Karl H., y Merton M. McGill. 1976. *Freud's «Project» Re-assessed.* Nueva York: Basic Books. [Ed. esp.: *El «proyecto» de Freud.* Buenos Aires: Marymar, 1977.]

Romanes, George John. 1883. *Mental Evolution in Animals.* Londres: Kegan Paul, Trench.

—. 1885. *Jelly-Fish, Star-Fish, and Sea-Urchins: Being a Research on Primitive Nervous Systems.* Londres: Kegan Paul, Trench.

Sacks, Oliver. 1973. *Awakenings.* Nueva York: Doubleday. [Ed. esp.: *Despertares.* Trad. de Francesc Roca. Barcelona: Anagrama, 2006.]

—. 1984. *A Leg to Stand On.* Nueva York: Summit Books. [Ed. esp.: *Con una sola pierna.* Trad. de José Manuel Álvarez Flórez. Barcelona: Anagrama, 2006.]

—. 1985. *The Man Who Mistook His Wife for a Hat.* Nueva York: Summit Books. [Ed. esp.: *El hombre que confundió a su mujer con un sombrero.* Trad. de José Manuel Álvarez Flórez. Barcelona: Anagrama, 2006.]

—. 1992. *Migraine.* Ed. rev. Nueva York: Vintage Books. [Ed.

esp.: *Migraña.* Trad. de Gustavo Dessal y Damià Alou. Barcelona: Anagrama, 1997.]

—. 1993. «Humphry Davy: The Poet of Chemistry». *New York Review of Books,* 4 de noviembre.

—. 1993. «Remembering South Kensington.» *Discover,* 14 (11), pp. 78-90.

—. 1995. *An Anthropologist on Mars.* Nueva York: Alfred A. Knopf. [Ed. esp.: *Un antropólogo en Marte.* Trad. de Damià Alou. Barcelona: Anagrama, 1997.]

—. 1996. *The Island of the Colorblind.* Nueva York: Alfred A. Knopf. [Ed. esp.: *La isla de los ciegos al color.* Trad. de Francesc Roca. Barcelona: Anagrama, 2006.]

—. 2001. *Uncle Tungsten.* Nueva York: Alfred A. Knopf. [Ed. esp.: *El tío Tungsteno.* Trad. de Damià Alou. Barcelona: Anagrama, 2003.]

—. 2007. *Musicophilia: Tales of Music and the Brain.* Nueva York: Alfred A. Knopf. [Ed. esp.: *Musicofilia.* Trad. de Damià Alou. Barcelona: Anagrama, 2009.]

—. 2012. *Hallucinations.* Nueva York: Alfred A. Knopf. [Ed. esp.: *Alucinaciones.* Trad. de Damià Alou. Barcelona: Anagrama, 2013.]

Sacks, O. W., O. Fookson, M. Berkinblit, B. Smetanin, R. M. Siegel y H. Poizner. 1993. «Movement perturbations due to tics do not affect accuracy on pointing to remembered locations in 3-D space in a subject with Tourette's Syndrome.» *Society for Neuroscience Abstracts,* 19 (1), ítem 228.7.

Schacter, Daniel L. 1996. *Searching for Memory: The Brain, the Mind, and the Past.* Nueva York: Basic Books. [Ed. esp.: *En busca de la memoria: el cerebro, la mente y el pasado.* Trad. de Borja Folch. Barcelona: Ediciones B, 1999.]

—. 2001. *The Seven Sins of Memory.* Nueva York: Houghton Mifflin. [Ed. esp.: *Los siete pecados de la memoria.* Trad. de Joan Soler Chic. Barcelona: Ariel, 2003.]

Shenk, David, 2001. *The Forgetting: Alzheimer's: Portrait of an Epidemic*. Nueva York: Doubleday. [Ed. esp.: *El Alzheimer*. Madrid: Espasa, 2006.]

Sherrington, Charles. 1942. *Man on His Nature*. Cambridge, R.U.: Cambridge University Press. [Ed. esp.: *Hombre versus naturaleza*. Trad. de Francisco Martín. Barcelona: Tusquets, 1984.]

Solnit, Rebecca. 2003. *River of Shadows: Eadweard Muybridge and the Technological Wild West*. Nueva York: Viking.

Spence, Donald P. 1982. *Narrative Truth and Historical Truth: Meaning and Interpretation in Psychoanalysis*. Nueva York: Norton.

Sprengel, Christian Konrad. 1793/1975. *The Secret of Nature in the Form and Fertilization of Flowers Discovered*. Washington, D.C.: Saad.

Stent, Gunther. 1972. «Prematurity and uniqueness in scientific discovery.» *Scientific American*, 227 (6), pp. 84-93.

Tourette, Georges Gilles de la. 1885. «Étude sur une affection nerveuse caractérisée par de l'incoordination motrice accompagnée d'écholalie et de copralalie.» *Archives de Neurologie* (París), 9.

Twain, Mark. 1917. *Mark Twain's Letters*. Vol. 1. Ed. de Albert Bigelowe Paine. Nueva York: Harper & Bros.

—2006. *Mark Twain Speaking*. Town City: University of Iowa Press.

Vaughan, Ivan. 1986. *Ivan: Living with Parkinson's Disease*. Londres: Macmillan.

Verrey, Louis. 1888. «Hémiachromatopsie droite absolue.» *Archives d'Ophthalmologie* (París), 8, pp. 289-301.

Wade, Nicholas J. 2000. *A Natural History of Vision*. Cambridge, Mass.: MIT Press.

Weinstein, Arnold. 2004. *A Scream Goes Through the House: What Literature Teaches Us About Life*. Nueva York: Random House.

Wells, H. G. 1927. *The Short Stories of H. G. Wells.* Londres: Ernest Benn. [Ed. esp.: *La máquina del tiempo*. Trad. de Nellie Manso de Zúñiga. Madrid: El País, 2004; *El nuevo acelerador y otros relatos*. Trad. de Elena Capdevila. Madrid: Biblioteca El Mundo, 1998.]

Wiener, Norbert. 1953. *Ex-Prodigy: My Childhood and Youth.* Nueva York: Simon & Schuster.

Wilkomirski, Binjamin. 1996. *Fragments: Memories of a Wartime Childhood.* Nueva York: Schocken.

Wilson, Edward O. 1994. *Naturalist.* Washington, D.C.: Island Press. [Ed. esp.: *El naturalista*. Trad. de Juan Manuel Ibeas. Madrid: Debate, 1995.]

Zeki, Semir. 1990. «A century of cerebral achromatopsia.» *Brain,*113, pp. 1721-1777.

Zihl, J., D. von Cramon y N. Mai. 1983. «Selective disturbance of movement vision after bilateral brain damage.» *Brain,* 106 (2), pp. 313-340.

ÍNDICE ANALÍTICO

ÍNDICE

Impreso en
Liberdúplex, S. L. U.,
ctra. BV 2249, km 7,4
Polígono Torrentfondo
08791 Sant Llorenç d'Hortons